站在巨人的肩膀上
Standing on Shoulders of Giants

图灵教育

iTuring.cn

站在巨人的肩膀上

Standing on Shoulders of Giants

iTuring.cn

TURING

写给大家看的PPT设计书

[美] 罗宾·威廉姆斯（Robin Williams）著

谢婷婷 译

第2版

人民邮电出版社

北京

图书在版编目（CIP）数据

写给大家看的PPT设计书：第2版 / （美）罗宾·威廉姆斯（Robin Williams）著；谢婷婷译. -- 2版. -- 北京：人民邮电出版社，2019.12
ISBN 978-7-115-51890-3

Ⅰ. ①写… Ⅱ. ①罗… ②谢… Ⅲ. ①图形软件 Ⅳ. ①TP391.412

中国版本图书馆CIP数据核字(2019)第262409号

内 容 提 要

目前许多领域要求从业人员具备一定的设计能力。图片设计、演示文稿、求职简历、招聘简章、名片排版等，无一不体现设计能力的重要性。本书作者列举生活中处处可见的设计示例，结合生动幽默的语言，向读者展示了设计过程中各个环节的注意事项和应遵循的原则，凝聚了作者多年的实战经验。通过本书，读者将对生活中常见的设计产品有基本的加工和辨别能力。

本书适合所有热爱设计和对设计有兴趣的读者阅读。

◆ 著　　　　[美] 罗宾·威廉姆斯
　　译　　　　谢婷婷
　　责任编辑　岳新欣
　　责任印制　周昇亮
◆ 人民邮电出版社出版发行　　北京市丰台区成寿寺路11号
　　邮编　100164　电子邮件　315@ptpress.com.cn
　　网址　http://www.ptpress.com.cn
　　天津画中画印刷有限公司印刷
◆ 开本：700×1000　1/16
　　印张：11.75
　　字数：181千字　　　　　　　　2019年12月第2版
　　印数：11 501 - 15 000册　　　2019年12月天津第1次印刷
　　著作权合同登记号　图字：01-2017-6483号

定价：69.00元
读者服务热线：(010)51095183转600　印装质量热线：(010)81055316
反盗版热线：(010)81055315
广告经营许可证：京东工商广登字 20170147 号

版 权 声 明

致每一位买过《写给大家看的设计书》的读者，尤其是写信告诉我自己多么喜爱它的读者。谨以本书致以最诚挚的谢意。

前言

在过去的30年里，我做过数百场演示，也观看过数百场他人的演示，因此对有效演示已有所了解。

我并非总使用PowerPoint和Keynote。我使用计算机，或直接利用我所教的应用软件来演示。我也曾多次不借助计算机进行演示（有时因为技术故障）。目前大多数人使用PowerPoint或Keynote，所以本书主要讲解如何使用这两款流行的软件制作电子演示文稿。

若想创作出优质的电子演示文稿，必须知晓并接受以下三件事。

优秀的演示文稿需要花费大量时间。没有捷径可走。当然，你完全可以在短时间内制作出一份差强人意的电子演示文稿。但若想创作出优质或无可挑剔的演示文稿，就必须花时间去构思良好的结构，选用优质的图片，使文稿前后一致且清晰明确。这些工作所需的时间比你想象的多得多。

必须了解所用的软件。只有了解软件的用法，才能创作出优质的演示文稿。研读使用手册和帮助文件，参加培训课程，这些都有帮助。PowerPoint有很多默认设置，会自动进行一些格式处理，如果你希望自己掌控幻灯片（你当然希望这样做），就必须学习如何规避类似的自动化特性，从而获得掌控权。

如今的观众要求更高。拙劣的设计和演示再也不能蒙混过关——每一位观众的视觉审美能力都大幅提升，所有人都希望得到**更好的体验**。观众希望看到生动的内容、有视觉冲击力的幻灯片，以及精神充沛的个人展示。你必须顺应这个形势。

我猜测，如果你正在阅读本书，你肯定有兴趣学习如何设计兼具美感和专业感的幻灯片。让我们开始学习吧！

Robin

电子书

扫描如下二维码，即可购买本书电子版。

目录

第二部分　四大概念设计原则

第三部分
四大视觉设计原则

第四部分　再谈设计

第一部分

设计前的准备

你即将做一场精彩的演示

演讲者的可信度不仅仅取决于他能否给出强有力的论点，更取决于他能否给观众留下好的印象。古希腊和古罗马时期提倡这种观点，该观点在欧洲文艺复兴时期重获新生。直到今天，这也是显而易见的事实。

如今，你很少能够自顾自地在台上演示。在听你叙述的过程中，人们往往同时还在刷Twitter，看朋友圈，发短信，或忙着与全世界的朋友聊天。如果你在台上讲的故事或做的演示单薄无趣，整个世界瞬间都会知道。蒙混过关的那些日子一去不复返了。直面挑战吧。

也许你在现实生活中是无趣得让人直打瞌睡的人。但在台上，你是明星，是娱乐人物，是教育家。请保持微笑，做最好的自己……不然请离开舞台。

——J. H. Lehr, "Let there be Stoning", *Ground Water*

第1章
找准切入点

虽然本书的侧重点是如何设计演示文稿，但请谨记：你展示的不仅是计算机文件，更重要的是你自己。在这个任务中，你要借助幻灯片来进行某个讨论，而计算机文件只发挥辅助作用。

当然，你可以做一个单独的展示分享到网上，本书所讲的设计原则同样适用。除非你把在现场演示时可能说的内容统统写在正文或备注中。

本书的重点是设计电子演示文稿，使之衬托你的风采，放大你的声音，从而说服或启发你的观众。你在设计时用到的所有图片、动画、音频和视频，都将一同等待你发号施令。你才是主角。

对于要分享到网上而非现场演示的文稿，我在书中也会给出一些建议。或许，你既要现场演示，又要在网上分享。需要做的事情太多了！

1.1　何谓演示

与学术演讲和个人演讲相反，演示的本质是展示一种商品或阐释一种观点。做演示时，你是师者，负责向观众展示某个产品或解释某个想法。演示暗指使用视觉辅助工具进行展示。

有人对此感到不解，他们会辩驳道："林肯发表葛底斯堡演说时可没用PowerPoint！"葛底斯堡演说当然不算演示，而是两分钟**个人演讲**。演讲是正式的演说与论述，没有人期待演讲者从包里掏出笔记本电脑。演讲既可以持续五分钟，也可以持续数小时。但无论持续多长时间，演讲都不是演示。

学术演讲具有教育性质，而且通常时间长，气氛严肃，学术性强。在做学术性演讲时玩笑对待是绝对不被允许的！有时，演讲者会用到电子演示文稿等视觉辅助工具。在这种情况下，演讲便成了演示。

请谨记，如果要做**演示**（而不是个人或学术演讲），肯定会用到视觉辅助工具。它们的作用是帮助你增强演示效果，而不是代替你完成任务。

1.2　必须数字化吗

在被要求做个人演示时，虽然很多人首先想到的就是苹果公司的Keynote或微软公司的PowerPoint，但是并非所有信息都适合通过数字化工具进行展示。请仔细考虑是否有其他方法，从而为所要传达的信息找到最佳展示途径。

当然，选择何种方法取决于观众规模、场所大小（会议室、大厅、大会现场或教室）、时间安排、预计向这些观众做演示的次数、是否允许讨论、受众年龄、想传达的信息，等等。必须为每一次演示的受众量身定制适合他们的演示方案。

如果观众人数很少，可以考虑使用**挂图**、**黑板**或**白板**，并辅以精心制作的纸质资料。巧妙地使用这些工具，会让观众感到兴奋，因为他们不再需要耐着性子观看幻灯片。

当然，配备合适软件和连通性的电子**白板**和**黑板**，可以实现演示设备与观众的电子设备间的信息交互，从而营造互动氛围。

对任一群体，即使是大群体，都可以分发表述清晰且包含有效信息的**纸质资料**，而不使用幻灯片。通过分发纸质资料，参与者有地方写下想法，也有了可以带回家的收获。如果演示场所是大礼堂，也可能有部分观众看不到演示，或者投影系统设置欠佳，位置靠后的人们根本看不到幻灯片上的内容。当投影设备无法很好地呈现要讨论的图表和数据时，纸质资料就派上大用场了（当然，它也是视觉辅助工具）。

如果演示的主题是某一本书（或其他可以拿在手里的物品），也许保证人**手一册**即可。演示时，提示观众翻到某一页或阅读某一段。

许多演示都可以变成**互动活动**。或许，你的PowerPoint演示文稿本身就是互动式的，那么，索性不用PowerPoint，如何呢？你可能只需要额外制作一份纸质资料，或准备一个现场互动环节。

或许，你真正想做的是**舞台剧表演**，但你觉得有必要使用PowerPoint，因为这样做符合人们的预期。那么，不妨为观众制造一丝新鲜感。

能否邀请**观众**参与到视觉化教学呢？切忌强行邀请不情愿参与的观众。不过，有一部分观众愿意举着牌子或画报，他们既可以像绕着太阳转的行星那样在你的周围，也可以模仿伟大的存在之链[①]，或者彼此互相大喊。有许多低调婉转的方法能让观众（甚至是内向的观众）参与到演示中，这比无聊的电子演示文稿更利于活跃气氛。

请谨记，无论电子演示文稿准备得多么出色，你都可能因为技术故障而必须采用其他演示方法。为了万无一失，针对同一信息准备多种呈现方法总没错。

---

① 在宗教盛行的中世纪，伟大的存在之链（Great Chain of Being）是描绘世间万物的一种层级结构。——译者注

个人经验

InsightCruises（加拿大某关于旅行的网站）曾举办过名为"海上读莎士比亚"的一系列游轮行活动。在第二届"海上读莎士比亚"期间，我要在10天之内向同一批观众（50人）做8场演示。如何避免让这些观众感到无趣呢？可以想象，如果我8场演示都只用幻灯片，那会多无聊。

1. 第一场讲"为何读莎士比亚"。我了解到，在上一届航行活动中，几乎所有的观众都认为话剧是用来看的，从来不是用来读的。显然，只有戏剧演员才懂得如何品读莎士比亚的作品！所以这次航行期间，我准备了一场**电子演示文稿**，直接介绍剧本品读的悠久历史，尤其提到了美国，以及为何应该朗读剧本，而且最好能和他人聚在一起品读。此外，我还准备了一份**纸质资料**。其上列有演示提纲，并留有空白，供观众记笔记。

2. 第二场讲"四体液说"①。体液在人体中自然生成，贯穿于人体，并且影响着我们的大脑。这次演讲借助一个**电子演示文稿**，来说明"四体液说"在莎士比亚作品中的重要性。中场休息时，我邀请观众在纸上完成一项轻松的性格**测验**，看看他们倾向于哪种气质。这样一来，在我随后介绍莎士比亚戏剧中各人物角色的气质时，观众便知道自己与哪位人物最接近。至于演示结束回家后，观众如何在必要时调整自己的气质，我在**纸质资料**中进行了详细地解释。

3. 那一年参加完活动后，大多数观众打算去观看话剧《皆大欢喜》。因为这一剧本很少被搬上舞台，所以知道其情节发展的人不多，能参透剧本的人则凤毛麟角。我并没有为话剧准备电子演示文稿或演讲词，而是改编和浓缩了剧本，偶尔加入了我自己对台词的理解，以使意思明确。我为每一位观众都准备了一份剧本打印稿，并将道具和简单的装饰品（胡须、帽子、围巾、戒指等）带到了现场，还邀请志愿者在前面朗读剧本。此外，我加入一些解说词来说明情节，突出主题，还提醒观众留意剧中角色的来回变化。故事到高潮时，还有人吹响了卡祖笛。这场演示帮助观众做好了观看《皆大欢喜》的准备，他们纷纷感谢我所做的巧妙安排。**这些效果都是在完全没用电子演示文稿的情况下达到的。**

---

① 莎士比亚作品中有"四体液说"的文本痕迹。四种体液（humour）分别是血液、黏液、黄胆汁和黑胆汁。四体液说认为，它们分别对应四种性格：乐观、冷静、暴躁和忧郁。直到17世纪末，humour才有了它的现代含义，即幽默。——译者注

4. 在第四场中，我引导观众围绕"莎士比亚作品的原作者"进行了**讨论**。我们浏览并探讨了为何对莎士比亚代笔的质疑是合理的（并非因为莎士比亚未受过良好的教育或出身低微）。我准备了两页**纸质资料**，列出了一些事实与存在的问题，并留下供记录的空白区。**第四场也没有用电子演示文稿。**

5. 第五场的主题是"死亡——未知的国度"①。为此，我大量搜集了莎士比亚作品中提及死亡的台词，并为每一位观众都制作了一个**小册子**。我和观众内外排成两个圆圈坐下，并向他们解释了莎士比亚那个年代的死亡观，以及"死得其所"的重要性。随后，大家一起朗读并讨论这些台词。**这一场仍然没用任何电子演示文稿。**

6. 第六场探讨《麦克白》。我知道观众已经熟悉剧情并且知道大致的情节了，因此，我制作了一份**电子演示文稿**作为指导（第5章将展示部分该演示文稿）。但**纸质资料**更为重要，讲义上印有台词，记录了我将要讨论的诸多细节。涉及的内容量太大，不适合通过屏幕展示，观众也未必看得清楚。使用纸质资料还有一个好处：观众回到家中后可以继续研读台词。

7+8. 那年同样引起观众观看兴趣的戏剧还有《无事生非》。经过前六场的演示，观众已经能积极地参与剧本朗读。因此，我准备了《无事生非》的**剧本**，并和观众一起朗读。一些观众选择默读，另一些则非常乐意与我们一起朗读。这两场均持续了两小时，在朗读剧本的过程中，我们还对意思模糊之处进行了探讨和评论。观众并没有望而却步，我也并没有使用电子演示文稿。

通过分享以上的个人经验，我想举例说明，除了电子演示文稿之外还有多种演示途径。幻灯片有时的确是绝佳的工具，但请务必考虑其他替代方式。关键在于明确地传达信息。

1.3　当软件是最佳选择时

在权衡所有方式后，你通常会意识到，数字化、多媒体演示的确是最有效的信息传达方式。那么，是时候思考如何运用图片、视频和声音来**增强**演示效果了。在阅读本书和整理想法的过程中，请时刻谨记：你才是主角，电子演示文稿只是你的助手而已；要懂得善用这个助手，不要让它越俎代庖，也不要让它成为演示的必要条件。

---

① 在哈姆雷特关于生死的经典独白中，死亡被比作未知的国度。——译者注

1.4 幻灯片尺寸的选择

在开始设计幻灯片之前，需要弄清楚投影屏幕的尺寸：是会议室常见的那种接近方形的标准屏幕，还是某些公司有的那种宽的显示屏？对于最终要放在网上的幻灯片，要弄清楚最佳的宽高比应是多少。

弄清楚投影屏幕的尺寸至关重要，因为这将决定是选择标准屏格式（接近方形）还是宽屏格式。一旦开始设计幻灯片，就很难再改变尺寸——若非得改变，只能重新设计每一页。

标准屏尺寸：宽高比为4∶3（4∶3只是一个宽度和高度的比率，可以是任何尺寸，如4英寸×3英寸、4皮卡×3皮卡或4英尺×3英尺）[①]。

宽屏尺寸：宽高比为16∶9（可以是任何尺寸下16∶9，如16英寸×9英寸）。显然，宽度与高度的差距看起来更明显。

幻灯片的尺寸决定了内容量，以及文字和图片的位置等。将已设计好的幻灯片从一种尺寸换到另一种并不容易。如果中途修改尺寸，只有重新设计每一页，才能使格式与新尺寸契合。因此，务必在开始设计前确定尺寸。

---

① 1英寸=2.54厘米，1皮卡=1/6英寸≈0.42厘米，1英尺=12英寸=30.48厘米。——译者注

标准屏接近方形，其宽高比为4∶3。采用这种传统的格式时，内容充满屏幕。

显然，若使用宽屏展示标准屏格式，两侧会有空白。

若使用标准屏展示宽屏格式（宽高比为16∶9），整个幻灯片会按比例缩小。

当然，宽屏格式适合使用宽屏展示。

大多数演示文稿制作软件都提供尺寸选项。最新版的PowerPoint（下左）和Keynote（下右）默认采用宽屏格式，但可以按需修改。

1.5　现场演示与在线展示

你是否既要现场演示，又要将演示文稿放在网上？若是这样，就需要针对现场演示设计幻灯片，然后**整理出一份现场文字记录，并将其与幻灯片一起放在网上**。仅在线展示幻灯片而不附上现场文字记录，是在浪费所有人的时间和精力。的确，整理文字记录有些烦琐，但如果幻灯片及其内容让你引以为傲，并且你希望他人能够理解和使用它，那么再累也是值得的。

举个例子。假设你的演示主题涉及复杂的科学知识，并且演示文稿中有大量的复杂图表和专业术语。**请务必做好计划**，让观众能够理解这些信息。是否希望观众边听边记笔记？（这可大有学问。）是否可以提供一份印有复杂图表的纸质资料，并且留有可记笔记的空白？是否会将幻灯片与现场文字记录一起放在网上？

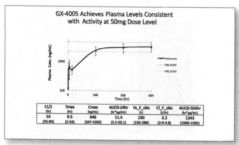

假设演示文稿共有40页，并且这仅是其中28张图表中的3张，请思考如何让观众吸收并记住这些信息。

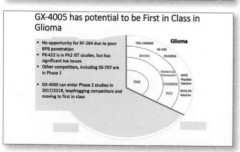

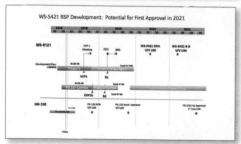

1.6 观众的位置

如果可以，请提前知晓观众席的情况。演示现场是屏幕前设有座椅的平地，有着阶梯座椅和巨型屏幕的大礼堂，还是高档会议室，墙上悬挂安装有高端的宽屏设备？

请谨记：如果演示现场是平地，那么大多数观众都只能看到三分之二屏，甚至只能看到上半屏。务必在设计幻灯片时留意这一点！

这是你希望达到的效果。

但是，如果演示现场是平地，那么面对标准屏，大多数观众看到的会是这种效果。请牢记在心！

1.6.1　示例：现场演示

这些幻灯片是某一份演示文稿的大部分内容，其主题是促进文字发展的技术如何改变世界。可见，**这些幻灯片本身并没有意义**。从这些幻灯片中，能大致了解演示者想要表达的意思，但一切有趣的细节和信息的联系需要演示者在现场娓娓道来。演示文稿只是**视觉辅助工具**，并不是全部。在设计和制作演示文稿时，请牢记这一点。你才是最重要的。

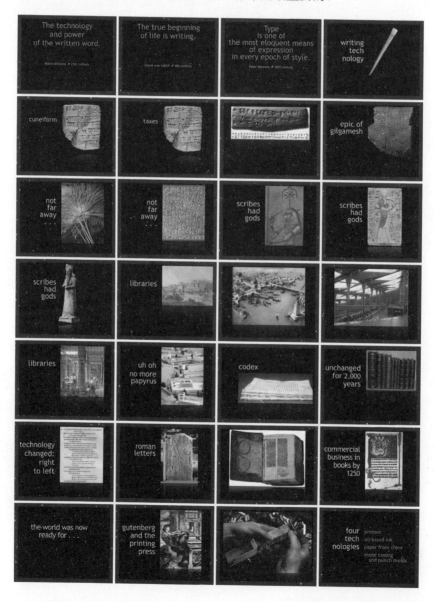

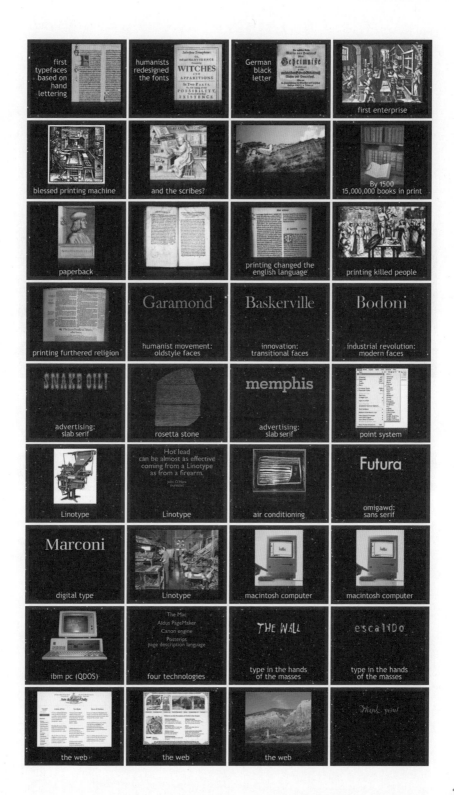

1.6.2 示例：非现场演示

对于某些演示文稿而言，其内容本身独立于演示者。如果你的演示文稿属于这种类型，在设计时就需要注意内容的独立性。以下是某演示文稿中的几页，该演示文稿共有30页（它使用Canva及其提供的模板制作，本章稍后会介绍这一工具）。观众极有可能直接面对着播放设备，或者手持屏幕浏览，因此字体可以比在大房间里播放的演示文稿更小。如果让我使用该演示文稿进行现场演示，我会重新设计。

通过HaikuDeck网站（本章稍后会介绍）创建并存储的演示文稿将备注内容直接显示在右侧。此外，该网站还将整个大纲显示在屏幕上，使内容独立且完整。注意，幻灯片本身是4∶3的标准屏格式，但是在加上右侧的备注内容后，整个演示文稿看起来是宽屏格式。

我曾在Teachery网站上传了一些演示文稿。Teachery要求使用宽屏格式，并且附上一份可以打印的现场文字记录，还要求提供配音。这样做的效果就好像我在向观众面对面地演示。

1.7 糟糕的演示

一旦完成自己的演示首秀，你就会敏锐地意识到其他某些或多或少会给演示加分或减分的因素。记下你的感悟。以下这些事情会让观众对台上的你略感失望。

结构

- 准备不充分
- 杂乱无章
- 内容无趣
- 信息过多或过少
- 内容不适合观众

演示者

- 声音过小或过大，停顿词过多（"嗯""呃""噢"等），语调过于平缓
- 节奏太慢或太快
- 频繁地翻查资料
- 不熟悉技术
- 只闻其声，不见其人
- 直接站在屏幕前的讲台旁
- 很少（或者从不）注视观众
- 照着纸或屏幕念

电子演示文稿本身

- 转场特效过多，设计元素过于花哨，动画与主题毫不相干
- 剪贴画不合时宜
- 字体太小
- 堆砌大量的小字
- 难以看懂（甚至难以看清）的复杂图表
- 版式不一致：每一页都采用不同的字体和字号，内容布局也不同

1.8 出色的演示

本书将在后面的内容中详述为电子演示文稿的视觉效果加分的设计细节。然而，无论视觉效果如何，每一场演示都会给观众留下不同的印象——或好或坏，抑或是不好不坏。如何给观众留下好印象呢？显然，重中之重是避免上一节列举的各项。除此之外，以下几点值得考虑和采纳。

- 使内容有趣（这当然是前提，对吧？）
- 为观众量身定制内容
- 内容结构清晰简单
- 少列举一些要点
- 仅使用与内容和观众相关的图片
- 动画的作用是使内容更丰富，不能分散观众的注意力
- 不能照本宣科，讲的要比屏幕上展示的多
- 与观众交流和互动
- 上台前进行练习（演示就是表演）
- 如果可以，让自己更幽默

用文字描述

你肯定既见过出色的演示，也见过糟糕的演示。试着**用文字描述**你认为出色的方面，以及不够好的方面。有时，一场演示可能在许多方面都很出色，而仅在一两个方面稍显欠缺。记下你的感悟。

一旦能用文字描述演示存在的问题以及解决方案，你将能更好地理解和避免问题。如果只是说"这场演示太无聊了"，那么你不会有任何收获。为什么无聊？哪个方面让你觉得无聊？如果花心思用文字详细描述你所发现的问题，就能在自己的演示中加以避免，转而采用其他演示方法。

1.9　选择软件

尽管大多数人选择使用Keynote或PowerPoint，但是可供选择的演示文稿制作软件还有许多。本节将列举一些。

每一款软件都提供模板或者干净的空白页面，还提供字体、图片和背景等选项。

有些软件只能在线使用，有些则需要良好的互联网连接条件才能显示演示文稿。因此，务必在上台演示前做好功课。

不管选择哪款软件，都请学习并掌握它的用法。不要认为可以误打误撞地凭直觉摸索。记得阅读使用手册，至少看看帮助文件。如果连改变字体，调整行间距，自定义母版幻灯片，更换背景布局、屏幕亮度和图片，裁剪或遮罩图片，调整项目符号，对齐文字和其他元素，以及调整元素大小等操作统统都不会，绝对不可能设计出优质的演示文稿。与其自己摸索，不如花同样的时间学习如何使用。

1.9.1 Keynote

苹果公司的Keynote提供了许多漂亮的模板，用起来非常方便。登录iCloud之后，你可以在线分享演示文稿，还可以邀请其他用户针对每一页发表评论、撰写备注，甚至下载演示文稿。

1.9.2 PowerPoint

如果你使用个人计算机或者购买了Office 365，那么极有可能已经拥有
PowerPoint。其价位也不统一。PowerPoint或Office 365均有多个发行版，包
括家庭和学生版、专业版等，它们有各自的定价。另外，单独购买PowerPoint
所需的费用与购买Office 365套件也不同（其实后者更便宜）。PowerPoint
是应用最广泛的演示文稿制作软件，但其他大多数同类软件也可以打开
PowerPoint文件，有些还支持保存为PowerPoint文件格式。

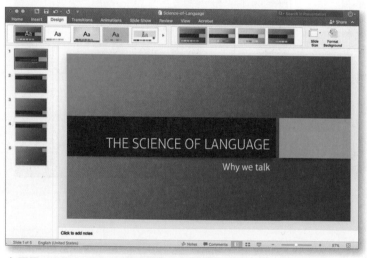

上图展示了Mac版PowerPoint的界面，选中的标签页是Design（设计）。
若要添加新页，点击Insert（插入）标签页，并选择合适的模板。

1.9.3 Google Slides

Google Slides是一款免费制作演示文稿的Web应用程序。要使用它打开和分享演示文稿，必须拥有Google账号（可以免费申请）。你可以通过Google Slides创建和编辑演示文稿，并与同事、朋友或家人分享。此外，它也是一个协作工具，只要获得你的允许，多位Google用户可以同时编辑你的演示文稿。Google Slides支持导入PowerPoint文件（.ppt和.pps均可），也支持以多种格式下载演示文稿，为方便他人浏览，还支持在线发布或在网页中嵌入演示文稿。

1.9.4 Canva

Canva是一款在线设计应用程序,它支持传单、明信片、海报、图书封面和logo等各种设计类型,当然也可以用于设计演示文稿。Canva提供数万款模板,约100万张图片,还提供图片编辑工具、对配色和字体的建议、与设计相关的文章,以及交互式教程,等等。如此丰富的特性实在令人叹为观止。一些模板和资源(如图片和字体)需要你支付一定的费用(1美元、10美元或100美元)才能使用,具体费用取决于你的使用情况。

在写作这部分时,Canva只支持宽高比为4∶3的标准屏格式,并且最多只能保存30页[①]。你可以邀请他人在线浏览你制作的幻灯片,也可以将幻灯片导出为PDF文件,还可以利用Canva提供的嵌入代码在网页中嵌入幻灯片。

与Keynote和PowerPoint等可下载的软件相比,Canva缺乏一些特性,但如果只想制作不超过30页的演示文稿,那么它是很不错的免费工具。

你可以免费注册,或者选择注册为付费用户。Canva免费提供许多资源,比如图片和一部分模板;其他一些资源需要付费才能使用,不过费用取决于具体的用途。

Canva提供的大多数模板是免费的。和其他演示文稿制作应用程序一样,Canva的每一个模板都有可应用于所有页面的默认布局。

---

① 它目前已经支持宽高比为16∶9的宽屏格式。——译者注

和其他模板一样，只需要用你自己的文字和图片替换模板中的文字和图片，便可以制作出很棒的幻灯片。

倘若想自创布局或调整模板，请点击左侧的Elements（元素）标签页，便可以访问数以百万计的资源。

1.9.5 Prezi

有人称Prezi的风格为"会话式演示"。采用Prezi制作的演示文稿可以大量实现放大和缩小图中某些区域的效果，也支持大量使用动画。观众在浏览演示文稿时可以参与其中。利用Prezi，你可以根据信息创作包含多个浏览路径的可视化故事，而不是一页一页地按顺序演示。许多Prezi演示文稿都基于大幅图示，例如地图、时间轴或塞满物品的橱柜，各个区域可以进行放大和缩小。

因为采用Prezi制作的演示文稿依赖于浏览者在屏幕各处进行放大和缩小的操作，所以很容易将他们弄得晕头转向。因此，请务必谨慎使用变焦功能。

Prezi按每月5~59美元的标准收取使用费。

1.9.6　Haiku Deck

Haiku Deck提供数百万张素材图片和数千个模板，可用于制作新闻稿、房地产市场趋势分析报告、文化宣传演示文稿、度假房屋租赁广告、菜谱教程、创业项目演示文稿，等等。

浏览者可以下载包含备注内容的PDF文件，也可以在线浏览含备注的文稿（这一点很人性化）。在我看来，Haiku Deck有一个小问题：每一页都需要放入一张全屏显示的图片，但这些图片往往只是为了填充页面，而与文字的关系不大，甚至毫无关联。本书的观点是，随意放入图片非常容易扰乱视线。不过，Haiku Deck的这种格式的确迫使你尽量减少文字，从而让观众必须全神贯注地听你讲。

Haiku Deck按每月10~30美元的标准收取使用费。此外，公司为员工集体付费时，可以享受折扣；学生和老师也享有优惠。

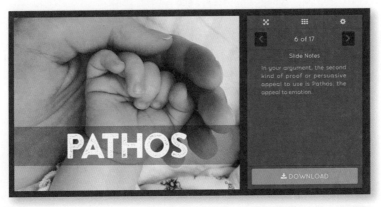

Haiku Deck有助于制作自成一体、短小精悍、轻松愉悦、切中要害的演示文稿。

1.9.7　VideoScribe

你可能见过用VideoScribe做的动画。典型的例子是，演示者在说话过程中，一只手在屏幕上画图示和写字。从头到尾地观看画画的过程，会很快让观众心生厌倦。不过，VideoScribe对于某些类型的演示来说是非常不错的选择。

要有效地利用VideoScribe，一种做法是将某个VideoScribe动画嵌入以PowerPoint、Keynote或Prezi制作的演示文稿。如果使用得当，VideoScribe将极为有效地增强视觉效果，从而突出重点。

VideoScribe按每月12~29美元的标准收取使用费。你可以一次性花费665美元购买永久使用权。学校和商业团队享有优惠。

VideoScribe甚至支持选择不同的手。你只需提供文字和图示，VideoScribe便能生成手绘动画。

1.9.8　PowToon

借助PowToon提供的卡通图和插图，可以轻松创建带有画外音的动画。这种演示形式颇具吸引力，令人耳目一新。

免费用户可以使用有限的功能，包括将动画导出至YouTube。付费标准为每月16~99美元不等，教育工作者享有优惠。

首先通过拖放操作创建故事板，然后开始编辑。人物和文字都自带动画效果。此外，PowToon还提供画外音。

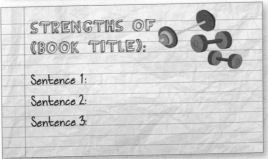

PowToon提供了一些可用于演示各种学习项目或教学项目的模板，因此格外受学生和老师青睐。

1.9.9 PresentMe

PresentMe[①]这个服务很有意思：先上传演示文稿（支持PowerPoint、PDF、Google Slides和OpenOffice），然后打开摄像头；在你对着摄像头演示时，PresentMe会给你录像。随后，它会将演示文稿和你的演示视频一同生成一个可分享的文件。

可以免费试用14天，随后将以每月10~50美元的标准收取使用费。

对于许多类型的演示来说，PresentMe都是既有趣又有用的解决方案。

1.9.10 更多选择

下面介绍一些其他的软件和应用程序，它们大多是在线操作，且收取一定费用，但同时提供功能有限的免费版或试用版。要使用这些服务制作演示文稿，往往需要连接互联网，因为它们大多是协作工具。尽管如此，不妨尝试一番，或许其中某个正合你意。

Apache OpenOffice Impress

Apache OpenOffice不是在线服务，而是可下载的办公套件。它支持Linux、Mac和Windows，并包含用于创建演示文稿的应用程序Impress。虽然其界面风格略显呆板，但无须付费，并且效果颇佳。

Emaze

Emaze提供众多动画和3D素材（有时让人觉得选择过多）。可以通过PDF的格式分享和下载Emaze演示文稿，还可以将其译为多种语言。Emaze

---

① 目前，PresentMe已经关闭了服务。该链接指向SlidePresenter基于PresentMe的功能提供的类似服务。——译者注

不像是办公工具，倒更像是个人展示工具。有3个版本可供选择：免费版、专业版（每月9美元）和商业版（每月30美元）。

Live Documents

Live Documents是在线办公套件，它结合了"Microsoft Office的特性和Google Docs的协作功能"。其中，Live Presentations是用于创建演示文稿的软件。另外，该套件还支持导入和导出PowerPoint文件、协作、版本控制、打印、发布、举行网络会议，等等。免费版功能有限；付费用户可以订阅服务。

Slides

这个幻灯片制作工具提供各种特性和多媒体素材，支持在线、离线和直播展示。其功能包括团队项目、协作工作、同步至Dropbox、追踪编辑历史，甚至支持自定义CSS和HTML代码。免费用户所制作的幻灯片可被所有人查看和检索。付费用户有3个选择：轻量版每月5美元，专业版每月10美元，团队协作版每月20美元。

Visme

Visme不仅支持在线设计和协同制作幻灯片，还可用于制作报告、信息图、产品展示页、线框图，等等。其素材相当丰富，包括各种字体、数百万张免费图片，以及数千个个性化图标。Visme支持幻灯片各页互链、将演示文稿设为私密，以及将其以PDF、图片或HTML5格式导出。除了功能有限的免费版之外，Visme还提供多种付费方案。

Zoho Show

Zoho是一家总部设在印度的公司，它在全世界多处设有分部。Zoho有丰富的产品，如其网站所说："针对提高销售和生产力以及管理日常业务的需求，Zoho提供你所需之一切。"其中一个产品便是Zoho Show，它可用于导入各种格式的演示文稿，兼容协作工具，嵌入图片和视频，等等。你可以直接通过它的演示窗口向全世界做演示。

1.10　有限制是好事

我对各种限制都极为推崇。在演示文稿制作方面，限制有多种。它们迫使你跳出思维定式去勇敢尝试，力图精益求精和别出心裁。

PechaKucha风格：要求演示不超过7分钟，演示文稿有20页，每隔20秒自动翻页（正所谓PechaKucha 20×20）。这种颇受欢迎的演示文稿格式源自日本东京。目前，"PechaKucha之夜"活动在全世界90多个城市举办，每次活动展示十几份演示文稿。

Ignite Talks风格：与PechaKucha类似，但要求20页幻灯片总共只有5分钟的展示时间，即每页15秒。Ignite Talks起源于美国西雅图，目前已举办过数千场活动。

盖伊·川崎的"10/20/30法则"：该法则时至今日仍然适用，尤其适用于推介和提议。"10/20/30法则"是指，演示文稿不能超过10页，演示时间不能长于20分钟，字号不能小于30磅。我基本上同意盖伊·川崎的观点，唯一的意见是30磅往往太小了。

盖伊·川崎的意思并不是说**只能**使用30磅的字号，而是说屏幕上的文字不能小于30磅。不过，如图所示，即使采用30磅的字号，位于后排的观众也很难看清楚。

有些公司对演示文稿有着更为严格的限制，比如规定在有限的时间里只能展示**3页**或**7页**。当然，这种格式并非适用于任何情形，但的确有助于你抓住重点并施展创造力。

1.11　模板和素材

你可以直接使用演示文稿制作软件提供的**模板**，当然也可以在互联网上找到数百万款模板。试试搜索关键词Keynote templates或PowerPoint templates。

素材指的是用于制作演示文稿的字体、照片、插图和图标等。你既可以自己创作素材，也可以购买或免费获取。

像Canva和Haiku Deck这样的在线设计应用程序提供了数千种免费或低价位的素材。

Flickr Creative Commons和Wikimedia Commons提供数百万张图片。这些图片的拍摄者来自五湖四海，他们以多个方式授权他人使用图片。如果要在公共场合演示时使用这些图片，请务必仔细查看授权许可说明。

Creative Market

我个人最喜欢的模板素材库是CreativeMarket，它有点像面向设计师的Etsy。你可以从中找到性价比不错的Keynote模板和PowerPoint模板，以及各种图片、图形元素、图标、字体等。说不定还能找到设计灵感呢！

把CreativeMarket加入书签，各种优质素材将触手可及。

1.12　分享幻灯片

所有在线制作服务都会将幻灯片发布到网上。通常来说，免费用户制作的幻灯片都是公开的，付费用户则可以选择不公开幻灯片。

SlideShare

LinkedIn旗下的SlideShare是颇受欢迎的提供幻灯片托管服务的网站。除了幻灯片以外，你还可以上传PDF文件、文档和视频。其他用户可以给你的幻灯片评分或写评论，甚至分享。

通过SlideShare的在线会议系统Zipcast，你可以直播演示过程，并与其他用户实时交流。

很多人将自己线下演示时用过的演示文稿上传到SlideShare，却没有添加文字稿。我见过数百份SlideShare演示文稿都是如此，这着实令人沮丧。仅上传演示文稿而不上传文字稿，让人"丈二和尚摸不着头脑"，请不要这样做！

SlideBoom

SlideBoom是俄罗斯的一个幻灯片制作网站。你可以上传PowerPoint演示文稿和文字稿，但幻灯片会以Flash动画的形式呈现，而并非所有设备都支持Flash动画。观看者可以直接在幻灯片上写评论，SlideBoom则会将评论生成单独的文档。SlideBoom网站可谓相当国际化，如果想了解全世界幻灯片领域的新鲜事，它便是不错的选择。SlideBoom提供免费版和付费版。

不要再盲目推崇小组合作。请不要这样做！

——Susan Cain，《内向性格的竞争力》

第2章
整理思路

有些人会直接打开软件，不加思索就开始制作演示文稿；有些人则会先花些时间整理思路。

我自己常常会有直接动手制作的冲动，但不得不承认，这样做让我过早地纠结于幻灯片的**美观程度**，最终添加更多内容时多次修改整个设计方案。鉴于此，我学会了抑制自己的冲动，在开始制作幻灯片前，**先花时间整理思路**。讲故事前得先写好剧本。

一旦有了清晰的思路，便可以运用第二部分介绍的四大原则明确阐释信息，找到或创作出与主题相关的图形元素、视频或音频，恰如其分地使用动画效果，并且将所有信息组织成一个有头有尾、有条有理的故事。

2.1　想一想，写一写，画一画

你也许因为自己条理性很强而对制作演示文稿充满信心，或许还对制作工具和方法有自己的见解。若是如此，那么你很幸运，因为条理性能为成功演示打好至关重要的基础。

你也许因为脑子里充满了各种点子而不知从何处着手。若是如此，那么你也很幸运，因为有多个驾驭灵感的工具能够为你所用。

在用Keynote或PowerPoint开始制作演示文稿时，请务必使用大纲视图（本章稍后会详解）。这样一来，你便可以直接键入标题和项目符号对应的内容，而不必担心样式不美观。在整理思路的同时试图进行样式设计，只会让你分心。大纲视图帮助你专注于一件事，那就是整理思路。

无论你是否天生就有条理，我都强烈建议你在编写大纲之前先阅读第3章，从而避免把在做演示时要讲的话统统写在文稿里。你顶多只能在一页上放一个标题和几个词，以此提示观众你要讲的内容。可以将所有备注内容放在"演示者备注"一栏，如下所示。

观众看到的
幻灯片内容

演示者备注

2.1.1　巧用便签纸

在如今这个高科技时代，小小的便签纸仍有大作用。你可以将随意涂写的便签纸贴在桌上或墙上，并在整理思路时随意挪动它们的位置。任何一款便签纸都是既简单又好用的协作工具。便签纸的大小有限，这迫使你开动脑筋，让每个标题都尽量简短。

图中是我为某场演示所做的准备工作（此时还没有开始使用制作软件）。在整理思路时，我用了许多张便签纸，还从自己之前写的某篇论文中剪下重要的内容并贴在便签纸旁边。我喜欢直观的形式。

2.1.2 巧用大纲视图

PowerPoint和Keynote均提供大纲视图，可以点击菜单栏中的View（视图）进入。大纲视图使你能以纯文本的形式创建演示文稿的结构，而不必考虑美观程度。如果你接触过文字处理软件的大纲视图，就会对这一特性甚为熟悉。

在大纲视图中，你可以迅速键入任何想到的内容，并能随时拖动文字左侧的小图标，以调整文稿结构。在键入标题内容时，相应的文字会自动出现在幻灯片页面上。

建议拉宽左边的大纲视图，使右边的幻灯片缩小，以防预览效果使你分心。

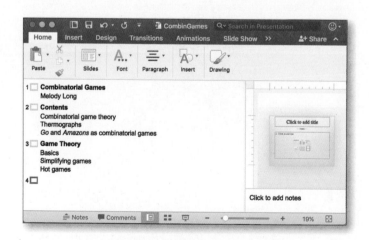

可以将大纲视图中的标题**复制并粘贴**到文字处理软件中，以进一步润色。

如果需要纸质版的大纲，可以直接将它**打印**出来，如下所示。

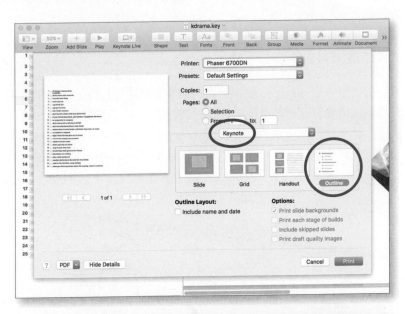

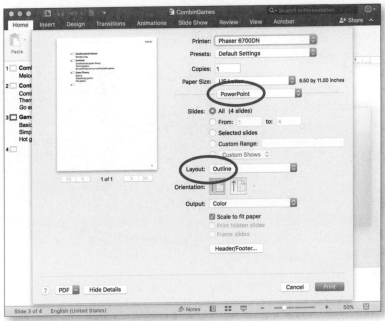

2.1.3　巧用思维导图

除了以文本形式或线性展示内容，还可以采用概念图、思维导图和思维网等工具直观呈现演示文稿的大纲。如果想使用这些工具，有许多思维导图制作软件可供尝试。其中一些是免费的，另一些是可下载的，还有一些是在线使用的。请使用关键词"思维导图制作软件"或"mind mapping software"搜索相关软件。

跟手绘的思维导图（请见右页）相比，**数字工具**的优势在于，它使你能够轻易挪动话题的位置，通过拖动操作在话题间加入或取消连接线，插入图片和多媒体文件，直接录入声音，以及与远在天边的人协作。一旦完成思维导图，软件便能帮助你将想法汇集成文本文档。一些软件还能将思维导图导出为PowerPoint大纲，以供你进一步制作幻灯片。

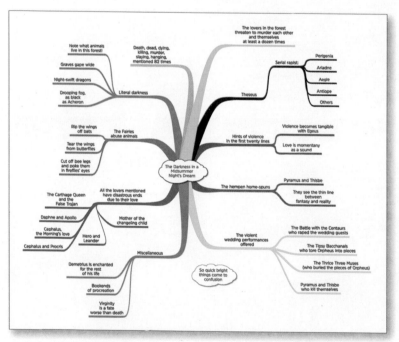

其实，软件的灵活性能激发灵感，并且有助于更好地整理思路。这一简单的思维导图由Inspiration软件制作。

不过，也可以直接拿出纸笔来画思维导图。在谷歌图片中搜索"mind map examples"，可以找到一些手绘思维导图的例子，详见第15章。你会看到他人画的既美观又详细的思维导图，但不必羡慕别人，你的思维导图也许仅需要插入几个小人儿、一些文字、简单的线条和某种颜色。绘制思维导图就是为接下来的演示整理想法和创意的过程：先在中央画一个泡泡，放入主要话题，然后分出次要话题。在绘制过程中，你也许会惊喜地发现一些有用甚至关键的点子。多年的经验告诉我，一旦动笔，便会有所收获：我们的大脑会启用平常不太使用的某些区域。

在某个广告销售会议期间，我画了一幅思维导图来思考为什么自己非常重视早晨喝拿铁咖啡和读报的时间。由于每晚工作到深夜，因此我格外珍惜早晨的时光，也非常不乐意在喝咖啡和读报时被打扰。思维导图让我更了解自己。

2.1.4　写下要说的话

你通常不希望自己在演示时照本宣科。不过，一些会议要求这样做，你只需根据具体要求照做即可。

然而，如果想用电子演示文稿增强现场演说效果，那么在打开制作软件之前就写下要说的话，这样十分有用，还可以为你提供信息。因为大脑极易被视觉元素吸引，所以在内容成形之前，我们容易过度地纠结于如何呈现信息。

一旦有了大纲或思维导图，或者用便签纸制作好故事板，便可以动手写一篇完整的文字稿。在演示时，这样一份文字稿能帮你把握时间。你可以在文字稿上标注演示时必须提及的内容，用彩色符号标记幻灯片翻页处，标注何时需要转换话题或向观众提问，等等。

除了供排练之用，这份文字稿最重要的作用是帮助不在演示现场的人理解演示文稿。当你将演示文稿上传到网上或发给他人时，可以附上这份文字稿作为补充。

SlideShare提供"备注"功能，你可以上传与幻灯片相关的文档。绝大多数幻灯片在线制作服务也都有类似的功能。当然，一些将幻灯片和文字稿合二为一的演示文稿也不错。

2.1.5 巧用幻灯片浏览功能

一旦有了几页幻灯片，便可以利用制作软件的幻灯片浏览功能查看演示文稿的整体结构。在PowerPoint中，点击Slide Sorter视图；在Keynote中，点击Light Table视图。这些视图清晰地展现了演示文稿的结构和制作进度。可以通过拖动操作调整幻灯片的排列顺序。

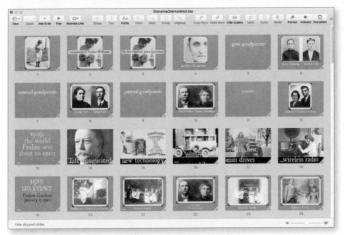

这是为庆祝某位老人百年寿辰所制作的演示文稿，共有150页。设计者意在使其内容不需要解释便一目了然。演示文稿所使用的动画有助于理解。

在设计环节，Slide Sorter视图或Light Table视图有助于了解哪些幻灯片需要保持风格一致，哪些需要有鲜明的对比，字体是否足够大、足够粗，等等。因此，这样的功能值得好好利用。

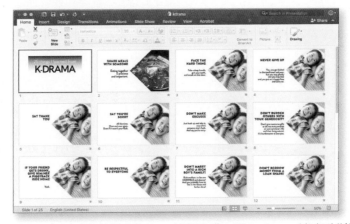

从PowerPoint菜单栏中的View（视图）进入Slide Sorter（幻灯片浏览）。

2.2　准备就绪

至此，你肯定已经对制作演示文稿胸有成竹了。接下来请思考决定演示文稿结构的四个关键词：明确、相关、动画、故事。这四个关键词分别对应第二部分要讲的四个设计原则：使演示文稿言简意赅；每个词、每句话和每张图都应该与主题相关；恰如其分地使用动画效果；将所有信息组织成一个有头有尾、有条有理的故事。好了，开动吧！

四大概念
设计原则

优化内容

在开始设计幻灯片的视觉效果之前，请花一些时间准备相关概念性内容。如果在这部分多花些心思，你会发现视觉设计环节更容易驾驭，演示文稿的内容也会更丰富。

四大概念设计原则

1993年，《写给大家看的设计书》第一版发行。我在书中将公认的设计原则总结为四点：对比、重复、对齐和亲密性。本书的第三部分将重温这些原则，并探讨如何在设计幻灯片时加以运用。

然而，在真正开始设计幻灯片之前，需要了解另外四大原则。它们能引导你思考整个设计过程。

明确

拒绝混乱。演示文稿要一语中的、言简意赅、明确具体、编辑得当。对于现场演示，避免将文字稿的内容统统写在幻灯片中。切忌堆砌文字，只需放上一些概述性文字，并在演示时展开讨论。

相关

幻灯片中的文字和图片要与演示主题和观众相关，切忌放入不相干的内容。另外，现场演示要避免不着边际，你所说的每一句话以及说话方式都应该有助于观众了解你和你的演示主题。

动画

合理利用相关的动画和切换效果来突出主题，不要让观众感到莫名其妙。

故事

为观众讲故事。确定计划方案，明确方案的目的。让故事有头有尾、有起有伏。如果时间允许，逐渐烘托出高潮，然后慢慢地收尾。在演示时加入一些人性化元素，并与观众对话。

如果在开始设计之前能理解以上几点，那么你的演示对于观众来说会是一番享受。

第3章

明确

演示文稿需要言简意赅。本章旨在帮助你确保演示文稿的内容清晰、易懂且易消化。华而不实的演示文稿无法让观众明确地理解其内容，即使做得再美观也无济于事。

若想使观众明确地理解内容，需要做很多工作，其中一项便是去除糟粕、只留精华。这项工作颇具挑战性——舍弃自己认为重要的信息并不容易。请谨记：没有人会一字不差地记住你所讲的全部内容。实际上，你说的越少，观众记住的越多。正所谓量体裁衣，务必根据观众的实际情况为所要呈现的信息排出优先级，舍弃与主题无关的信息。举例来说，当你的观众是销售代表时，是为他们赘述一番公司的历史和使命，还是直接进入正题向他们展示demo（样片）？（你完全可以将公司简介的网址放在小册子或其他纸质资料中。）

3.1 编辑文字

出色的编辑工作有助于使演示文稿言简意赅、简洁美观。请去掉多余的文字！幻灯片的空间有限，文字越少，字体就能越大，可供选择的设计方案也就越多。

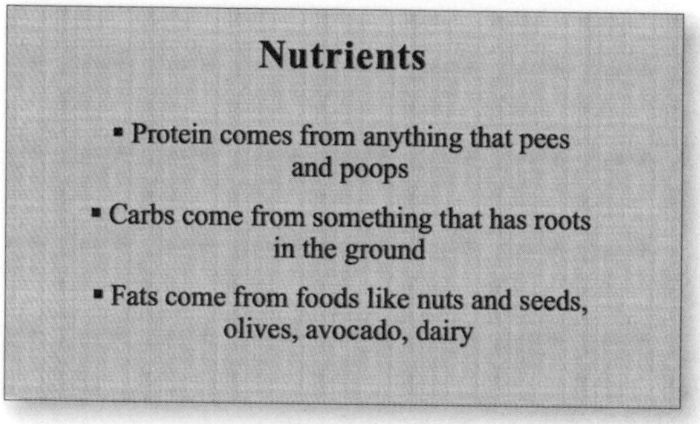

Nutrients

- Protein comes from anything that pees and poops
- Carbs come from something that has roots in the ground
- Fats come from foods like nuts and seeds, olives, avocado, dairy

辞藻华丽并非好事。通过编辑和删除多余的词（如上图所示），幻灯片页面有了更多的空间（如下图所示），对比效果更明显，字体更大，意思也更明确，方便读者阅读和做笔记。

浓缩信息还有助于演示，因为你可以将幻灯片作为参考，而不必照本宣科。

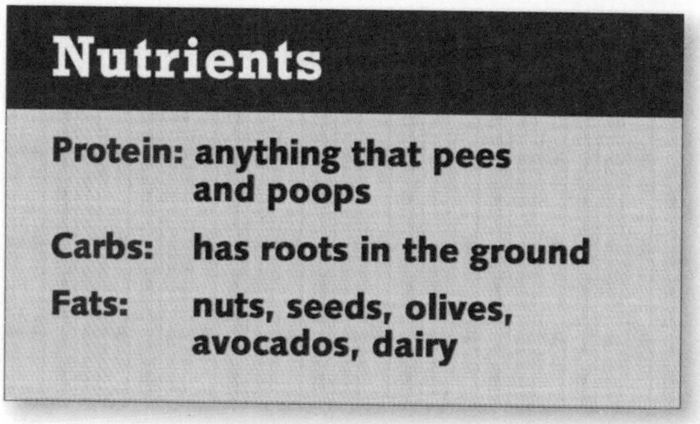

Nutrients

Protein: anything that pees and poops

Carbs: has roots in the ground

Fats: nuts, seeds, olives, avocados, dairy

请留意上图中不同元素之间的对比效果，第7章将就此进行详细讨论。本例并没有使用项目符号，但每一个元素仍然可以按演示需要适时出现。

这一页幻灯片上的文字太多了。演示者本来计划花上数分钟的时间介绍酵母的各个方面，因此无须使用过多的文字描述。

将要点浓缩为几个词，观众更容易理解，还能在聆听的同时记笔记。相比之下，这一版的图片和字体更大，文字也排列得更整齐。

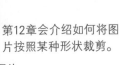

第12章会介绍如何将图片按照某种形状裁剪。

也许，演示者可以考虑弃用项目符号，而仅用一张面包的图片；还可以根据演示目的制作纸质资料，将重要信息列入其中。

3.1.1　避免使用冗长的句子

幻灯片很少需要用到完整的句子，尤其要避免冗长。这是因为，你在演示时会用完整的句子表达，观众只需从幻灯片了解要点。如果演示文稿清晰地展示出要点（毋须从冗长的句子中获取），那么观众可以立即掌握，并且当你详细阐述这些要点时，他们能充分消化你所讲的内容。

下面的幻灯片示例并没有采用项目符号列举要点，这样做令幻灯片更柔和。

Anger Management

There are positive aspects of anger in that you have increased energy, you are able to communicate your feelings, able to problem solve, and you can take charge of the situation.

http://www.angermanage.org/question_show.cfm?selected=9

谁能看清楚幻灯片底部的网址呢？应该将网址放在纸质资料中——毕竟，没人会在聆听的同时正确抄写复杂的网址。

当然，通过互联网分享的演示文稿可以包含网址。不过，务必为网址加上超链接。不加超链接的话就将它放在备注中，不要让网址分散观众的注意力。

Anger Management

Positive aspects of anger:
Can explain your feelings,
solve problems,
take charge of situations,
increase your energy

有限的文字帮助你完成演示，并且让观众在聆听的同时更轻松地理解要点。

3.1.2 避免展示备注内容

类似以下第一个示例的幻灯片会令人反感，因为演示者往往一字不差地照着念。这个问题不是演示者读幻灯片，而是所有相关的备注介绍全部堆在幻灯片里，因此演示者表示：**不得不读幻灯片**。

如果你打算通过互联网分享演示文稿，那么这样设计完全没有问题。然而，如果你打算在现场演示时使用幻灯片，千万不要原封不动地照搬**你要说的话**，否则你真的没有必要出现在现场。

避免把要说的话当作幻灯片的内容。给观众一个聆听的理由。

用于引入正题的幻灯片页面只需要很简单的文字。在**展示该幻灯片页面的同时**，向观众进一步**阐释**。

避免照本宣科将有助于巩固你在演示过程中的中心地位。这样做表明你既对演示内容熟稔于心，也能游刃有余地演讲和传授知识。

3.1.3 使用主动语态

应该使用主动语态还是被动语态呢？诚然，这个问题并不属于设计范畴，但会影响幻灯片的文字量，这就关乎设计问题了。另外，在语态使用问题上，一般来说，主动语态所需的文字较少，这与去掉多余文字的目的契合，因而在此提及。

被动语态只表明动作的承受者，而没有指出动作执行者。这就好比向一个群体指出某个问题，又不愿意直接指责谁。

> 被动语态：办公室的微波炉被人弄坏了。

> 主动语态：乔治弄坏了微波炉。

请查看你的幻灯片。你是否在解释、指引或编写要点时使用了被动语态？如果是，请改为主动语态。

> 被动语态：当疑似火情被发现时，可以按下大的红色按钮。

> 主动语态：如果发现疑似火情，按下大的红色按钮。

> 被动语态：如果你感到自己的生命正在受到威胁，往往可以通过跑来逃生。

> 主动语态：如果你的生命受到威胁，快跑。

使用主动语态的文字更有力。更重要的是，**主动语态所需的文字更少**。

要识别被动语态，看看句子是否表明动作的执行者。举例来说，在"饼干被吃了"中，没有指出"吃饼干的人"，因此是被动语态，然而，"他吃了饼干"则是主动语态。

另外，还要注意避免使用动名词，即其后加ing便能成为名词的动词。3.1.4节将详细讨论。

使用被动语态时，文字过多。

  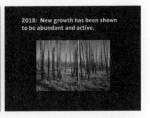

如果能精简文字，就可以考虑使用全屏大图。你肯定会在现场就相关主题展开讨论，因此不必在幻灯片中放入过多文字。

接下来尝试进一步精简文字。

完全可以考虑不用文字。这是因为，观众在现场能通过视觉和听觉接收相关信息（他们的手里也许还有展示相关数据的纸质资料，详见第11章）。展示不含文字描述的图片是目前非常流行的做法。不过，为图片配上一个关键词或短语是行之有效的，这样能使观众同时接收来自文字和图片的信息，也不会造成其他问题。使用文字的另一个好处是，你能轻松地将所述内容与要点关联起来。

3.1.4　避免使用动名词

在英语中，**动名词**是指其后加ing便能成为名词或名词短语的动词。这样的词通常用于被动语态，语势较弱。使用动名词时，句子更长。

请看以下几个例子。

>　动名词：Do you mind my *asking*?
>
>　动词：May I ask?

>　动名词：We will *be seeing* a drop in sales next week.
>
>　动词：Sales will drop next week.

>　动名词：You're *going* to make my day.
>
>　动词：Make my day.

请查看你的幻灯片。是否可以通过删除动名词来精简文字，并且让表达更直接、更主动？

当然，ing结尾的词有时是最好的选择。若是如此，使用即可。例如，"水产业"在英语中叫作fishing industry，改为fish industry可就不对了。

不过，仍然应该删除不必要的动名词。

Anger Management	Anger Management
Anger management would be seen then as increasing the positive aspects or functions of anger and decreasing the negative functions of anger.	Increases the positive functions of anger Decreases the negative functions of anger

既要避免用完整的句子，也要避免用动名词。修改之后，幻灯片的意思更明确。

此外，左图中的句子过度使用被动语态。Anger management would be seen then as...（愤怒情绪管理体现在……），原文语气虚弱无力。为了让语气更坚定，换作 "Anger management increases the positive functions of anger.（愤怒情绪管理增强了愤怒情绪的积极因素。）"，如何？

面对文字很少的幻灯片，观众能够专注于聆听和记笔记，同时吸收重要信息。

3.1.5 练习：编辑文字

上述所有指导原则的初衷都是帮助你精简文字，目的有四：

1. 让你在设计时有更多选择；
2. 让你的观众不会感到厌烦；
3. 让你的意思更明确；
4. 让观众把注意力放在你身上，关注你说的内容，而不是在你演示时试图理解大段文字。

下面这些幻灯片示例的文字过多。你能试着精简吗？请谨记：如果你打算进行现场演示，那么幻灯片就**不应该包含完整的故事**。

另请谨记：作为演示者，你往往有义务为观众提供纸质资料（有关纸质资料或备注的更多内容，详见第11章）。即使是通过互联网分享演示文稿，也可以配上备注。仔细思考幻灯片所用的文字与你讲的内容以及纸质资料中的文字有何区别。下一页将给出编辑示范。

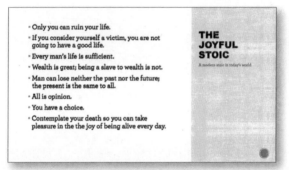

显然，这一个模板中的小标题默认采用14磅的字号，项目符号默认采用24磅。应使用更大号的字体，以便阅读。

不必要的文字太多了。

以下针对这两个示例给出编辑方案。当然，编辑方案不是**唯一**的。请留意我在编辑过程中为明确意思给出的一些设计意见。下一节会更详细地讨论设计。不过现在，你能指出修改前后的差别吗？

- On your lot: it's up to you
- On wealth
- On a sufficient life
- On a good death

THE JOYFUL STOIC

A modern stoic in today's world

所列的每一个话题都需要演示者进一步解释。通过编辑文字，能够让观众更清楚地看到自己的思路，更轻松地理解演示内容。此外，字体也足够大。

可以考虑删除项目符号。

The Mighty Apostrophe

A handful of important uses

Annoying misplaced apostrophes

在上页的示例中，演示者犯了常见的错误：他将自己的开场白写在了幻灯片里，演示时不得不照着念。另外，我们删掉了原幻灯片最后一句，这一句应该在开场白之后用新的幻灯片页面呈现。

优秀的演示都以演示者个人为中心，而不是幻灯片。因此，不要让幻灯片中的文字取代你的位置；不要让自己显得多余！

3.1.6　文字并非全然无用

我并不想强调具体的规则，比如"切忌每页多于五个要点""切忌每个要点多于三个词"或"切忌每页多于六个词"。相反，我想强调的是，务必让幻灯片的意思**明确**。为了做到这一点，有时需要使用较多的文字。**如果使用更多的文字能帮助你明确表述，就不必犹豫。**

引用名言就是很好的例子。名言通常既言简意赅又富有哲理，不然你不会决定引用。除此之外，引用名言还能提升演示要点的可信度。然而，有多少名言没有超过六个词呢？

除非你**确信**每一位观众都有绝佳的视力（而且都能看清楚幻灯片中的文字），否则就需要为观众朗读。这也许正是你所做的，但你因此感到一丝不安，因为我一直在强调避免照本宣科。请放宽心，不要误解我的意思。朗读幻灯片引用的名言，对于看不清文字的观众来说是一种贴心的服务。此外，朗读过程中，观众视觉和听觉同时接收信息，这样一来可以提高信息可信度，也能在你和说此名言的哲人之间建立联系，从而使你想传达的信息更明确。

if i had more time,
i would have written
a shorter letter.
t.s. eliot

文学家T. S. Eliot深知精简文字的不易。

可以将该幻灯片精简为：More time = shorter letter（更多的时间 = 更短的信）。

不过，这种表示形式不足以刻画字斟句酌的人。

3.2 分散要点

有一个问题始终令我不解：为什么许多人总认为必须把所有要点写在一页幻灯片中？100页幻灯片的使用成本与6页的相同——都是零成本——演示时间也不会变得更长。请学着分散要点，不要集中展示。举例来说，可以用第一页幻灯片概述即将讨论的五个要点，并在接下来的五页中分别重复展示每个要点。如此一来，观众便能轻松阅读幻灯片并针对每个要点做笔记。记住，演示的关键是明确地传达信息，其前提是明确地呈现信息。

该幻灯片是某个课件中的一页，其中的文字过多，也显得过于密集。如果老师一边授课一边展示该课件，那么学生很难一字一句地阅读。

首先修改字体。**不要使用**Arial和Helvetica，这两种字体实在常见得令人生厌。

（**不要滥用连字符**，"寻找诗歌格律-找到音步"这种写法既是错误的，也会令意思不够明确。）

修改字体的效果立竿见影，蓝色也使要点更为突出，**不过仍给人厚重和密集的感觉**。

接下来修改文字。**不要堆砌辞藻**。如果你是制作该课件的老师，一定会在授课时详细解释自己布置的每个作业，因此不必使用多余的文字，只需保留重要词语即可。

Prosody Assignment

■ Using the three copies of your
Shakespearean sonnet, do the following.

1. Scan the poem for **Meter**
2. Analyze the poem for **Alliteration**
3. Analyze the poem for **Assonance**

这使学生清楚地知道需要
记录的重点和作业的内容。

1. Scan for Meter

· Divide the poem into feet

· Mark stressed and unstressed
syllables

· Label the variations

这样展示三项作业，学生不
仅能知道作业的内容，还能
清楚地看到作业的要求。

如此一来，学生便不再需
要花费脑力理解密集的文
字，反而能跟上老师的授
课节奏。

2. Analyze for Alliteration

· Mark similar consonant sounds
at the beginnings of words

3. Analyze for Assonance

· Mark similar vowel sounds
inside of words

不妨多做几页幻灯片

再来看一个例子。为什么非得让五项内容挤在一页里呢？当展示这一页时，观众会试图赶紧记录所有内容。然而，如果每一页只有一个要点，那么观众就可以更快速地记录，同时把注意力放在演示者身上。如此一来，演示者和观众都会满意，不是吗？

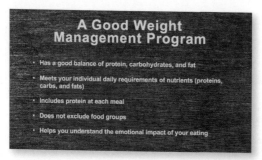

如果要在一页里展示五项内容，那么就不得不使用小字体。

此外，观众可能会担心自己无法在幻灯片换页前记下所有信息。

当然，可以利用动画效果使五项内容依次出现在幻灯片中，但既然幻灯片的使用成本为零，为什么不多做几页呢？

多做几页幻灯片的好处多多：每一页都可以采用更大的字体；每一项内容都由一整页幻灯片突出；页面为添加对比效果留出了更多的空间。

上图是概览页，之后便可以展示五页具体的内容。

另一个显著的变化是，舍弃了木纹风格的暗色系背景，转而采用明亮朴素的背景。

A Good Weight
Management Program

1

Has a good balance of protein,
carbohydrates, and fat

如此修改之后，演示者便可以就
每项内容深入阐述，观众则不必
花费脑力阅读文字——他们终于
能平静、准确地记笔记了。

请注意，修改后的幻灯片根本没有
使用项目符号。

A Good Weight
Management Program

2

Meets your individual daily
requirements of nutrients

A Good Weight
Management Program

3

Includes protein at each meal

A Good Weight
Management Program

4

Does not exclude food groups

A Good Weight
Management Program

5

Helps you understand
the emotional impact
of your eating

无论是采用项目符号列表（如左图所示）还是分页展示（如下图所示），解释这些内容所需的时间都一样。

分页展示更方便观众阅读、聆听、理解和记录，幻灯片也易于浏览。

3.3 如何确定幻灯片页数

据我了解，一些演示文稿制作大师认为在确定幻灯片页数时应该遵循某些原则。假设你已经制作完一份相当不错的演示文稿，它有46页，并且结构清晰，所需的演示时间也刚刚好。此时，有人对你说："不！优秀的演示文稿不能超过18页！这是原则！"于是，为了遵循这个"18页原则"，你让所有文字都挤在了一起。现在的演示文稿少了28页，演示时间却没变，还会给人留下杂乱难懂的印象。

影响演示的决定性因素不是幻灯片页数，而是内容结构以及演示者的现场表现。

如果幻灯片页数很多，请务必阅读第5章，了解如何在转换话题时利用切换效果帮助观众跟上演示节奏。

另请阅读第6章，了解如何改变演示节奏，从而避免单调.

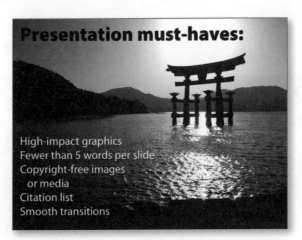

以上幻灯片有何奇怪之处呢？

这一页幻灯片用了这么多文字，却强调"每一页不多于五个词"。是不是很讽刺？

背景图也令我不解。我承认，它的确"有冲击力"，但和演示内容有何关系呢？我的大脑一边要试图聆听演示内容，一边又要试图找到这张图片和演示内容的关系。拜托别为难我了！

单页幻灯片：该用就用！

请记住，我并不是建议每个话题都必须单页展示。当然，很多情况下，项目符号列表或话题列表很简单（有可能并没有使用项目符号），这时可以选择用单页展示。一般来说，如果打算将某一组话题作为一个整体来略读、介绍或谈论，那么就可以把它们集中在一页里。

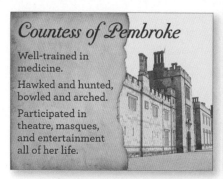

每一个话题彼此联系紧密，只需几分钟就能讲完，因此将它们放在一页里，但在演示时依次出现。

在讨论彭布罗克伯爵夫人度过的艰苦岁月时，每一项依次出现。因为每一项联系紧密，所以放在一页里可以让观众感受到她所经历的痛苦。

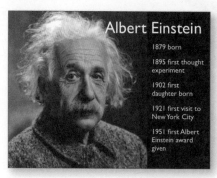

如果所有要点都与同一个主题有关，并且你不打算针对具体的要点展开讨论，那么当然可以把这些要点放在一页里。如果愿意，可以使要点依次出现在屏幕上。记住，只有当你打算**展开讨论**时，才用多页展示。

随着制作过程不断深入，你会渐渐地找到感觉：哪些内容要用单页展示，哪些要用多页展示。通过对不同的内容进行归纳和展开，可以使演示节奏有快有慢，就像朋友间的对话。

3.4　不可避免的大量内容

事实上，有时不可避免地需要在一页中展示大量内容，如复杂的图表、多图对比，或者某项任务的重要进展。除此之外，如果演示文稿并非用作现场展示，而是单独分享，那么页面就需要包含更多的内容。对此，意思明确显得格外重要，必须谨慎地组织文字和设计样式。

别忘了，即使仅在办公室范围内或通过互联网分享演示文稿，也总是能附上一份备注。

来看一个内容颇多的幻灯片示例。可以如何改进呢？

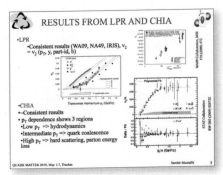

在原图中，哪些元素是多余的呢？左上角和右上角的剪贴画毫无新意，删除它们绝对没问题，不是吗？右下角的页码也多余，甚至连页脚的一行小字也是（首页、最后一页以及在现场分发的纸质资料都有这行字）。

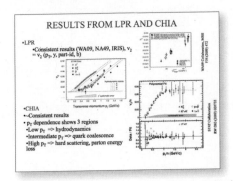

似乎不便删除其他文字，因此必须在此基础上
想些其他办法（请见下一页）。

我无法想象该幻灯片的制作者如何能够在不附上纸质资料或备注的情况下进行演示或分享，也许有我意想不到的方法。显然，如果现场展示如原图所示的幻灯片，那么没有哪一位观众能看清楚图表中的数据，或能对比这些数据。让我们忍痛将这些图表分开，用三页分别展示。如果在现场展示这些图表并试图做对比，可以轻而易举地往前或往后翻页；如果观众手中能有一份纸质资料，便能实实在在地看到图表中的数据。

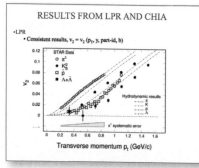
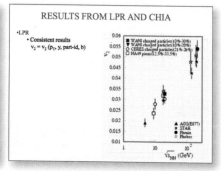

虽然这三页幻灯片仍有待改善（第9章将继续修改），但至少数据更清晰了。幻灯片没有使用成本，因此不妨根据自身需求多做几页，以使信息更明确。

在使用软件的默认设置打印带有备注的幻灯片时，是否担心页数过多？其实，不必依赖软件，自己制作一份合适的纸质资料即可。

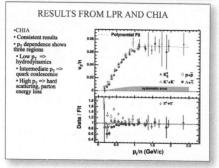

设计也要明确

我坚信，若要**明确**地传达信息，视觉效果和内容同等重要。第三部分幻灯片的设计将探讨如何从设计角度符合明确原则，但前提是内容本身简洁、明确。

第4章
相关

幻灯片页面上的每一个元素都应该与观众和该页的主题**相关**。这里所说的元素不仅指文字，还包括图片和背景。

演示的首要目的是明确地传达信息。幻灯片页面上的无关元素越多，占据你的精力越多，观众也越难在聆听的同时完成信息筛选和整合。

请注意一点：与某一类观众相关的内容，并不一定适合于其他观众。比如，面对年长且思想保守的观众，播放粗鲁喧闹的视频是否合适呢？

若要明确地传达相关的信息，必须做足功课——绝不能一刀切，而是要为观众量体裁衣。举例来说，向不同的观众展示同一份演示文稿并不可取。可以先制作一份总的演示文稿，其中囊括与演示主题相关的所有要点；然后在此基础上**根据每一类观众的特点制作单独的演示文稿**。细心周到地做足功课，一定会给观众留下好的印象。

4.1 切忌画蛇添足

要懂得留白！不必为了填满幻灯片而在页面的四角放上各种装饰性图案。
不相关的元素越多，重点越不容易显现。视线一旦被扰乱，观众也就难以
把握重点。

放一把铲子意欲何为？要挖地基？有宝藏？你是盗墓者？你没
发现你在努力使铲子与信息产生联系？

这个示例中的剪贴画与主题有一定的联系，但仍是画蛇添足。
幻灯片上呈现内容越多，观众注意力越不容易集中。面对这样
一页幻灯片，为了不错过任何信息，大家急于看到屏幕上所有
内容，却不知道何处是重点。

多余的logo

有人坚持认为，为公司做的每一页幻灯片都必须包含一两个logo，或者logo加标语，抑或logo加标语外加公司名。的确，既然观众不得不盯着屏幕看上一小时，为什么不趁机宣传自己的品牌呢？

不过，真的有必要向观众强调自己的身份吗？与之相比，观众更容易记住演示是否明确、内容是否相关、纸质资料是否美观实用且值得留存。logo应该出现在纸质资料中，而不是快速翻动的幻灯片页面上。即使每一页幻灯片都展示公司logo，也不会强化品牌信息，因为观众在浏览前几页之后很快就会忽略logo。

每一页都有一个logo，不对，是两个！多余的元素还有：背景图片、横线，以及占用空间的蓝边。如果去掉不相关的元素，就能放大字号，使文字更易阅读。

如果这两页幻灯片将用于现场展示，那么仍然有待精简文字。另外，可以用更生动的形式展示统计数据，比如加一些旅客图片。不过，总算去掉了一些不相关的元素。第8章和第9章将分别介绍重复原则和对齐原则。在读完这两章之后，请再回到本页，思考如何运用这两个原则改善本例的设计。

品牌不只logo——你所用的颜色和字体，你所呈现的独特风格，你所传达的关键信息以及所制作的实用纸质资料，还有你的自信和专业水准，无一不代表你的品牌。

4.2　背景

在幻灯片的视觉呈现上，背景起着举足轻重的作用。若想给观众留下好印象，务必谨慎选择背景。如果找不到合适的背景模板，可以使用PowerPoint和Keynote提供的大量图片素材自己制作背景，也可以花少量的钱使用在线图库提供的素材，例如CreativeMarket和iStockphoto。

在选择或制作背景时，务必注意以下两点：

  背景应与演示主题**相关**且起**衬托**作用，而不能与主题无关或相悖；

  背景应与内容相辅相成。

来看下面的例子。右图在左图的基础上添加了背景图案（花三美元从iStockphoto获得），并用更能体现主题的Apocrypha字体替换了默认的Arial字体。这些修改显著地提升了幻灯片的视觉效果，让人眼前一亮。

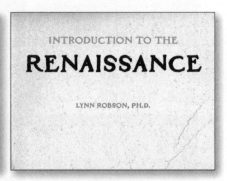

你将在第三部分中看到，所有对字体的设计旨在增强内容间的对比——字号的对比以及颜色的对比。

此外，要敢于在第一页幻灯片上署名——观众一定想知道你是谁。

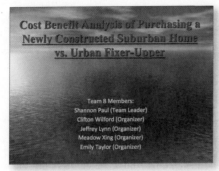 

演示主题是购房，背景却是大海。即便演示者滔滔不绝，观众仍会纳闷：住宅和大海究竟有何联系？

记住，**如果文字看上去难以阅读，那么它的确难以阅读**。就上图中的文字而言，即使在计算机屏幕上也难以阅读，何况大厅的演示屏。除此之外，与主题无关的背景妨碍阅读，并且对阐释主题也没有帮助。

诚然，设计新手往往不允许自己的幻灯片留有太多空白，但必须学着理解留白的艺术。实际上，随意放置各种图形或图案反而会增加布局难度。

背景使用不恰当是普遍存在的问题。究其原因，PowerPoint提供的许多免费模板本身就不符合设计原则。这让许多人误以为完全可以在花哨的背景上放置大量无关紧要的文字。来看下面这个例子。

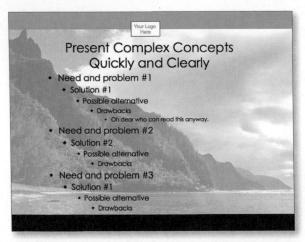

在该模板中，文字直接位于背景图片之上，但背景图片不仅与文字毫不相干，而且还容易转移注意力。你可能认为，既然该模板出自某个"设计师"之手，那么必定没有问题。切忌盲目信任。和大多数模板一样，该模板提供五层项目符号标题。然而，观众可能连第二层也未必看得清楚，恐怕连你自己也看不清楚吧？稍有常识就不会这样设计。

不过，PowerPoint的模板设计正在逐渐改观。如果你仍在使用旧版的PowerPoint，理应升级软件，以便使用新的内置模板，然后可以从微软公司的网站和其他一些网站下载新的适配模板。记住，要选择与演示内容相关的模板，其背景要能衬托演示主题。

第15章将列出一些优秀的模板资源。

4.2.1　内容越复杂，背景越简单

有时不得不在一页幻灯片中放入大量数据，或者文字、图表、图片等其他内容。请谨记：必须呈现的内容越多，背景就必须越简单。

对于一份演示文稿，不必从始至终都使用同一个背景（第8章将详细讲解）。如果能用自己喜欢的图形主题将每一页联系起来，就可以在需要展示大量数据的幻灯片页面中舍弃不必要的背景元素。

不难从左图中找出不相关和多余的元素。要养成观察局部细节的习惯，以便决定元素的去留。

4.2.2　何时可用复杂的背景

如果内容足够显眼和清晰，那么使用复杂（且相关）的背景完全没有问题。在遇到这样的幻灯片时，试着用文字描述为什么其复杂的背景不会干扰你对内容的理解。如此练习得越多，悟性就会越高，也就越能轻松自如地创作出优秀的幻灯片。

4.3　切忌使用呆板的剪贴画

即使软件自带剪贴画库，也不要使用，尤其不要使用呆板的动态剪贴画。只有老一代软件才提供剪贴画库，这是因为剪贴画正逐渐被淘汰（这是好事）。第15章会提供一些优质资源，来免费或以低价获取专业级的插画和图片，或者让纯文本更充分地展现。

如果有人告诉你说，"每一页幻灯片都**必须**有图"，这绝对是信口开河，请勿轻信。随意在每一页幻灯片中放置拙劣的剪贴画，只会拉低演示文稿的整体质量。

在幻灯片中，文字才是最重要的元素。图片可能带来很好的效果并且引发情感共鸣，但如果是为了引发情感共鸣，那么为何要选择呆板的图片呢？难道这样的图片能让文字的意思更明确？难道它们与文字相关？答案极有可能是否定的，结果也许会适得其反。因此，对于图片的选择，必须再三斟酌，确保它们能**强化**和**衬托**文字。

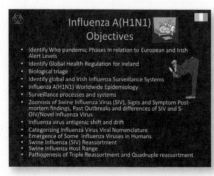

时至今日，我仍然诧异于有如此多的幻灯片随意使用拙劣的剪贴画。即使幻灯片的内容已经如此庞杂，制作者仍然对剪贴画"乐此不疲"。

所幸，全屏大图正在取代剪贴画成为新的流行趋势。但是新问题随之而来：这些大图往往与所配的文字无关，与文字错位（如上所示），或被误用，或易产生歧义。请谨慎使用。

Good School Web Pages

◆ Show-and-Tell of School Sites
◆ Common Problems
◆ Bad Layout and Design
◆ Good Layout and Design Ideas
◆ Ideas for your Site
◆ How to Be the Web Master's "Master"

Common Problems

◆ Have you considered your audience?
◆ How clear are the navigation paths?
◆ When was page last updated?
◆ What features are annoying?
◆ How will your District support your site?

Ideas for your Site

◆ Space for your PTA or link to their site
◆ Student work (with permissions)
◆ News and Weather
◆ Creative Corner
◆ Community News
◆ What have we forgotten???

在以上示例中，随意使用的剪贴画与内容并不相关，也无助于明确信息。它们的确在视觉上给幻灯片增添了些许趣味，但没有发挥明显的积极作用。

Good School Web Pages

◆ Show-and-Tell of School Sites
◆ Common Problems
◆ Bad Layout and Design
◆ Good Layout and Design Ideas
◆ Ideas for your Site
◆ How to Be the Web Master's "Master"

Common Problems

◆ Have you considered your audience?
◆ How clear are the navigation paths?
◆ When was page last updated?
◆ What features are annoying?
◆ How will your District support your site?

Good Layout & Design Ideas

◆ Plan your school web site
◆ Build with less-than-perfect computers and connections in mind
◆ Offer both graphics and text versions if possible
◆ Keep graphics to a minimum
◆ Design for average monitors/resolution

事实上，去除这些剪贴画完全**没有问题**！没有了令人分心的剪贴画，幻灯片仍然具有足够的吸引力：标题更粗、更大；菱形项目符号适当缩小。强调重要部分，弱化一般部分。（如果换我设计，我还会去掉标题下方的装饰性图案。）

记住，演示文稿的一切都将体现你的个人素养，并影响他人对演示内容的判断。如果你相信一图胜千言，请想想一张呆板的剪贴画会给你带来多大的恶劣影响。

如果想发现高质量的图片、插画以及创意，请参看第15章。

4.4 使用相关的图片

幻灯片设计的一个趋势是使用具有"视觉冲击力"的全屏大图。这样的幻灯片不少,虽然它们使用的全屏大图的确具有"视觉冲击力",但是与演示主题毫不相关!

使用与内容不相关的图片会造成一个问题:人类的思维极易受视觉左右,面对刺激视觉却与主题无关的图片,观众极易被其吸引;但是,人类思维又非常实际,看到幻灯片后,会绞尽脑汁地尝试在图片与演示主题之间建立联系。如果图片仅仅是为了美观,与内容无关,观众会在做出大量思考后接受这种设计。而在这一思考过程中,你的演示已进行了一半,观众不得不忽视右脑对无关的图片的注意,使左脑能够去理解演示内容。

作为设计主题,全屏大图应该贯穿整个演示文稿。每一页都应该保持统一的设计风格,而不是仅在首页和尾页使用全屏大图,中间的页面则列举十几个要点。可行的做法是,通过相关的全屏大图来引入每一个要点,借助这些图片介绍演示主题,吸引观众注意力;其后跟着几页以文字为主且设计美观的幻灯片;或者裁剪要点对应的全屏大图,并在后面的幻灯片中重复使用。无论采用哪种做法,都应使图片与内容相关。

然而,要为每一页找到相关的全屏大图并非易事。第15章将列出一些提供图片的经济实用的资源,但即便如此,寻找合适的全屏大图仍然相当耗时。

视频和动画素材

在演示文稿中加入视频和动画时,也应该遵循相关原则(第5章将讨论PowerPoint和Keynote的动画及切换效果)。千万别先入为主地认为观众喜欢随意看一些娱乐性的小视频——他们之所以愿意花费宝贵时间做观众,是因为想获取有用的信息。你完全可以在演示时播放各种视频,但请务必对得起观众的宝贵时间。如果能用文字描述清楚某个视频与演示主题有何联系,那就可以放心使用。

第5章
动画

顾名思义，**动画**是指动态的幻灯片元素，**切换效果**则是指幻灯片页面切换时的动画效果。

据我所知，一些演示文稿制作大师认为在幻灯片中使用动画"实属罪大恶极"。然而，人们喜欢用动画和酷炫的切换效果为幻灯片增添闪光点，这是不争的事实。

如果运用得当，动画和切换效果能够使演示内容更明确、更有力。请注意，**关键在于得当且相关**。许多幻灯片动画让人眼珠直转：每个字都从幻灯片某处跳出来，转来转去，然后缓慢地停在页面某处。这样的例子有太多太多。

动画和切换效果本身不是问题，但错误的使用方式就是问题了。鉴于此，本章将探讨如何合理地使用动画和切换效果，使它们真正增强演示效果。

5.1　动画——幻灯片焦点

请谨记一条原则：**一旦使用动画，动画便是幻灯片的焦点**。如果某个动画会引起不必要的关注（比如让观众注意到呆板的剪贴画），那么务必避免使用。不要给每一段文字都添加动画效果，也不要采用打字机效果（观众不愿意呆坐着观看要点如何一个一个地出现在屏幕上）。

仅在想引起观众注意时，才使用动画或切换效果。

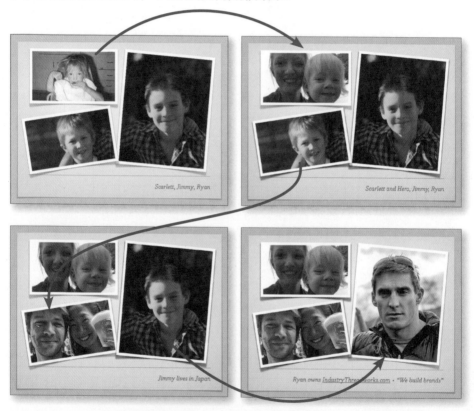

我曾经向一些想了解我的观众介绍自己。在制作幻灯片时，我选用了一个幻灯片模板，并向其中添加了几张我孩子的童年照片——孩子还小时，我便开始写作计算机图书了。然后，我把这一页幻灯片复制了三次。

在第二页中，我替换了小斯卡莉特的照片，取而代之的是现在的她与她女儿的合影。在切换页面时，我使用了溶解效果，这样看上去，前后页面的区别仅在于斯卡莉特的照片和页面底部的文字。斯卡莉特的照片是这个动画的焦点。

按照同样的方式，我在第三页中替换了吉米的照片，并在第四页中替换了瑞安的照片。随着孩子们的脸从稚嫩到成熟，**切换效果突出了前后的对比**。

然而，这种方式有一个问题：观众往往会关注幻灯片上人物的面貌，从而忽视每一页底部的文字。

因此，我为文字也添加了简单的动画效果。在我开始介绍某个孩子数秒后，文字会飞入，这自然会引起注意。

有好几只狗曾经陪伴孩子们成长。在我的一些书中，你能看到它们与孩子们共同出现。因此，我在演示时加入了它们的一张照片。

曾经的动物朋友已经不在了。在它们的照片出现数秒后，另一张照片缓缓出现，那是我们目前的两位动物朋友。之所以选用这种动画效果，并不是为了触景生情，而是为了**再次引起观众的注意**，同时**突出**这些出现在我们生命里的动物。

5.1.1 锦上添花

这部分介绍莎士比亚戏剧《麦克白》中的多个主题。每一页幻灯片都加了动画效果，每次幻灯片间的过渡也设置了切换效果。这些设计精巧的动态效果起到了锦上添花的作用，而不会转移观众的注意力。下面是《麦克白》演示文稿的几页。

我采用的是从KeynotePro网站购买的Barcelona主题。利用Keynote提供的多种立方体切换效果，我让后一页的红色栏紧随之前的红色栏出现。这种过渡效果自然而不突兀，还能为演示增添趣味。

我计划在演示时与观众一同讨论《麦克白》的台词。因为我为观众准备了印有台词的纸质资料，所以幻灯片的内容很简单——仅用一两句话引入每个主题。

我是站在屏幕旁讲解的。在我讲到某一个主题时，一幅与之相关的怪异图像缓缓出现。

另一个效果是血渍的出现[1]：时而突然"滴"在页面上，时而缓慢显现。

---

[1] 在《麦克白》这部经典的悲剧作品中，莎士比亚为"血"赋予了丰富的象征意义。——译者注

在我谈论之时，一颗头颅从页面底部悄然出现，并缓慢地向上移动。

当我谈到门房让裁缝进来"烧你的烙铁"时①，一把古董熨斗移入页面，然后停顿一秒后移出。

当我谈到《麦克白》对数字"3"的妙用时，该数字出现在页面上，随即出现滴血特效。

最后的感谢页面也带有滴血特效。因为"血"是《麦克白》的一大主题，所以我在幻灯片中多次使用它，以强化这一主题。

Barcelona主题提供的附加材料之一便是"血渍"——它其实是墨渍，但用来模仿血渍也不错。

---

① 详见《麦克白》第二场第三幕。——译者注

5.1.2　切换话题

切换效果可以作为**视觉线索**，尤其适用于提示观众即将切换话题。对于普通的页面切换，我通常喜欢选择溶解效果或揭开效果，这是因为它们给人的感觉比较柔和。不过，在准备带领观众进入完全不同的话题时，我会选择能够明确提示话题变化的切换效果。

举例来说，我通常会在两三页引导页之后，使用醒目的切换效果进入正题。下面的示例使用了Keynote的开门效果，这足以提醒观众注意。另外，我会在每一次进入**新主题**时（注意，不是在每一次切换页面时）使用同样的切换效果，以使观众立刻明白其含义。换言之，我并不会试图利用软件提供的所有酷炫的切换效果。

使用开门效果
进入正题。

可以想象，如果每次切换页
面都使用这种醒目的效果，
那将多么遭人讨厌。

5.1.3 引导观众

在演示过程中，使用**恰当的**且较为柔和的切换效果来引导观众。通过精心设计切换效果，观众能够通过幻灯片出现方式判断主题的延续或更换。

这几页幻灯片通过美味的派来说明韦伯奶奶的生活哲学。页面切换使用了柔和的溶解效果，行云流水、一气呵成，直到……

上面的这一页喷洒器幻灯片突然将草莓派幻灯片**向左**推出了观众的视线。

在演示者花数秒解释完喷洒器之后，草莓派幻灯片突然**向右**将喷洒器幻灯片推了回去。

在视觉上，演示显然被喷洒器幻灯片打破了节奏，但这仅持续了数秒，随后便恢复了之前的节奏。观众并不会经历思维转换。在整场演示中，演示者使用同样的方法插入相关信息，节奏把握得很好。

5.1.4　清晰阐释

如果动画有助于清晰阐释理念，大可放心使用。在下面的例子中，演示者想说明在1600年的英国威尔士，人们若想从彭布罗克城堡到米尔福德港，可以选择一条长约10公里的水路。对于这一个例子，用语言解释就不如用动画展示。

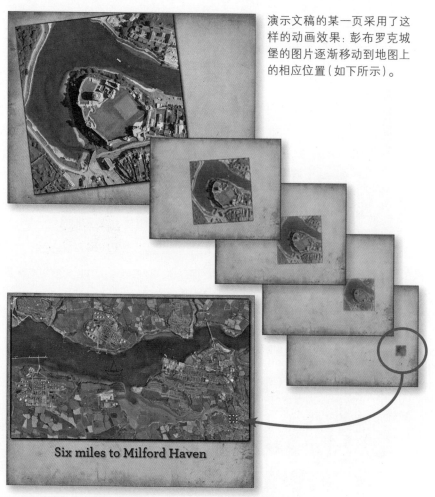

演示文稿的某一页采用了这样的动画效果：彭布罗克城堡的图片逐渐移动到地图上的相应位置（如下所示）。

Six miles to Milford Haven

这种动画可以通过Keynote的Magic Move（神奇移动）过渡效果来实现。

在动画中，一只小船出现在以红色虚线表示的路线上（当小船移动时，红色虚线不显示），经水路前往约10公里处的米尔福德港。

本例使用与内容相关的动画**清晰展示**一条长约10公里的水路，这比用语言描述更直观。

5.1.5 动态图表

有时，为图表添加一点动画效果，便可以将观众的注意力集中在某一个元素上。假设你想指出某只股票在一段时间内涨势惊人，可以采用动态条形图展示该只股票相对于其他股票的上涨速度。饼图也能实现动态效果，比如在提到饼图的某一块时，相应部分自动突出。

请谨记：动画要与内容**息息相关**，其目的是使内容**更明确**。切勿随意使用动画。

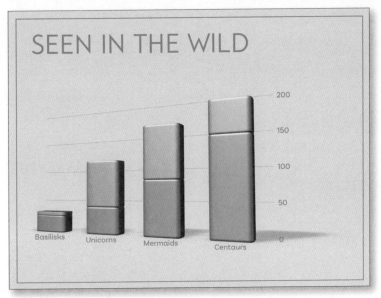

图表的动画效果包括增长的数据条、分开出现的数据块等。无论采用何种动画效果，都应该以清晰展示为目的，而不应该随意地混淆视觉。

5.2　注意事项

在使用动画或切换效果时，请谨记两大要点。

一、人们极易被动态内容吸引。因此，应该仅在想引起观众注意时，才使用动画或切换效果。

在向幻灯片添加动画之前，花一分钟用语言描述添加动画的理由。如果无法说出一个合理的理由，就应该放弃添加。

举例来说，添加一张人物侧手翻的动态剪贴画是否有助于阐释演示主题？如果不能，为何要添加？相反，在关于人口增长的幻灯片中，让一幅展现人山人海的图片变得越来越大，是否有助于说明主题？如果能，请大胆使用！

二、软件提供的动画和切换效果有很多，但不必一一使用。观众会因为没有看到酷炫的动画而感到遗憾？他们不会的，甚至最后还会感激你。

动画和切换效果的强大之处在于，它们极易吸引观众的注意力。不过，演示者在大多数时候都希望观众将注意力放在自己身上，因此要避免给自己制造抢风头的"对手"——在播放动画时，不要说话，静待观众欣赏几秒动画之后再继续。

第6章
故事

演示需要沿着一条故事线进行。好的故事应该有头有尾、有起有伏。观众并不希望演示者直奔主题，而是希望听到一段合宜的开场白，大致了解演示的进度以及接下来的内容。优秀的演示正如带领观众走过一段奇妙的旅程，大家一起跨过山峰，越过峡谷，张弛有度，乐享其中。当旅途接近尾声时，观众能清晰地看到终点。

以优秀的电影为例，观众在前五分钟内（往往更短）就能大致了解电影的基调：是惊悚片、浪漫喜剧还是黑色电影？是纪录片、动作片、探险片还是科幻片？这一点很重要，因为观众会下意识地为之后的情节酝酿情绪。

当电影或演示接近尾声时，观众需要有所察觉。你一定看过结局反转两三次的电影——你本来以为僵尸倒下了，主人公安全了，结果僵尸突然复活了！这种反转实在令人恼火。

故事还能帮助演示者与观众产生共鸣。在演示过程中，请尽量寻找可以与观众产生共鸣的机会。视觉元素和说话方式都能加以利用。

6.1 引子

你是否曾经留意过一本书的文前部分呢？在正文之前，往往有半题名页、空白页、题名页、版权页、题献页、目录页、前言等，有些书还有序。这些内容不仅从法律层面来说是必需的，而且能为阅读做铺垫。

电影也一样。即使镜头先于演职员表出现或与之同时出现，开场的几分钟也是营造气氛的时间，为正式观看电影做铺垫。演示也应该一样。

我见过太多一开始就直奔主题的演示文稿，这就像翻开一本扉页赫然印着"第1章"的书。许多演示者都将自己的开场白写在第一页幻灯片中，并在开场时生硬地读讲稿。

无论演示主题是如何制作商业企划书，还是教人如何和平离婚，抑或是如何欣赏乔叟的诗，都需要把演示当作讲故事，巧妙地引导观众进入你所创造的情绪空间。如果能营造气氛并让观众对故事的发展方向有所了解，他们就能全身心地聆听演示内容。

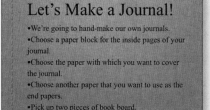

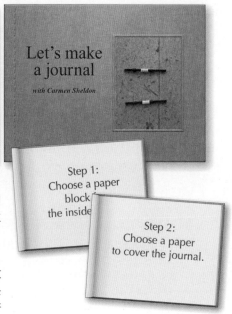

上面左侧的幻灯片是某演示文稿的第一页，它开门见山地直奔主题。记住，多加几页幻灯片并不会增加制作成本。添加用于引入主题的幻灯片页面更容易让观众进入状态。

上面右侧的幻灯片采用了Keynote的模板，其中可以放置一张图片。本例在该位置放了一张自制笔记本的图片。演示者先口头概述制作步骤，然后逐步介绍，一页只讲一个步骤。

6.2　概要

在引入主题之后，请花一分钟概述演示内容，最好还能告知演示时长。观众需要了解演示的目的是推销产品还是传授知识，是讲解历史还是介绍公司。想象一下，如果我告诉你演示将持续15分钟或者2小时，你会有何感受？如果我预先得知演示将长达2小时，并给有一份各部分内容概要，这样可能更容易接受演示。

以演示如何自制笔记本为例，在开始讲解第一个制作步骤之前，应该向观众大致展示整个制作过程：需要多长时间？是否会弄脏自己？最终成果是什么样？

6.3　文字与图片

图片并非演示文稿的必需元素，许多优秀的演示文稿仅包含文字，尤其是设计美观的文字。另一方面，一些演示者使用仅包含图片的演示文稿也能达到不错的效果。

不过，我们绝大多数时间会将文字和图片结合起来使用。一种观点是将幻灯片中的文字视作数据，并把图片视作**情感刺激元素**。例如，在展示非洲某地小额信贷受益女性的人数时，除了给出统计数据，还可以放上一张某位女性在非洲马里的马格那木鲍沟区（Magnambougou）与她的孩子及羊群的合影。

在为演示文稿选择图片时，请时刻想着**数据与情感刺激元素**的区别，认真思索，以综合运用文字和图片。

6.4　为故事增添人性色彩

请尽量展现演示主题中的人性因素。对于与人相关的主题和图表来说，做到这一点并不难；但如果你讲的是一堂介绍核磁共振波谱知识的课，那么展现人性因素可就没那么简单了。因此，如果主题的确与人有关，请充分利用故事的魅力；但如果无关，强行加入故事只会令其格格不入或难以理解。

举例来说，在说明韩国有多少幼儿园小朋友时，找一张展示韩国小朋友正在去幼儿园的图，能使枯燥的统计数据人性化。采用能体现**数据**的图片可以刺激**情感**，但请勿为了刺激情感而随意使用无关的图片。

与观众进行心灵对话

要想在讲故事时使观众身临其境，语气和态度都很重要。平铺直叙只会让观众昏昏欲睡。**必须**注视观众，与他们对话，还要察言观色：观众烦了吗？困惑了吗？兴奋了吗？然后根据他们的表情积极调整。

在莎士比亚的戏剧中，直接面向观众吐露内心独白的往往是反面形象，例如理查三世、爱德蒙、伊阿古，等等。有趣的是，正因为如此，观众不可思议地对这些反面形象产生了好感。虽然法斯塔夫和哈姆雷特不是反面形象，但他们是莎士比亚笔下独白最多的两个角色，同时也是莎士比亚迷的最爱。莎士比亚一定深知，让角色直接面向观众倾吐心事，能够使观众与角色产生内在联系。无论角色是胖是瘦，是懦弱还是反抗，是恶魔还是天使，观众的目光都能被吸引，并试着将自己代入情节。

回想一下你小时候听故事的情景。当奶奶给你讲故事时，她是否提及你？是否注视着你？是否和你一起感叹？答案当然是肯定的。当你面向观众讲故事时，也应该一样。

无论演示主题是减肥的艺术、绿色出行还是分子生物物理学的定量分析，都请注视观众，与他们对话，聆听他们的心声。只要做到这些，便能使观众在你演示时保持全神贯注。

6.5 只讲相关的故事

将演示当作"讲故事",已是老生常谈。一些人对此有误解,他们认为应该把整场演示包装成一个故事或者分享一系列个人逸事。

举一个极端的例子。我曾经买过一本书,它通过两个野人的故事来介绍如何做演示。为了理解这本书的中心思想,我不得不努力想象"做演示的野人"这样荒谬的场景。你也许会劝我说:"何必当真?享受当下吧。"不过,我宁愿省下时间多和孩子聊聊天、画些画,或去沙漠远足。

诚然,通过讲述人(包括自己)或动物的故事在某些时候有助于阐明思想,而在其他时候只会画蛇添足、令人厌烦。

在许多情况下,添加人性化元素的确能提升演示效果,但**并非每一场演示都需要有故事**。盖伊・川崎为向风险投资人推介创意的企业家总结出了"10/20/30法则":演示文稿不能超过10页,演示时间不能长于20分钟,字号不能小于30磅。他并没有提及故事。

如果你想讲的故事符合以下几种情况,那么大可一试:与演示主题息息相关;能推进演示进程;能告诉观众与演示主题有关的人生真谛;生动有趣。不过,请勿将演示当作**个人秀**。我见过一些演示者用足足一小时的时间讲述自己的个人经历,观众的反应则是:"怎么全都在讲他自己啊?"

我并不是要贬低故事的重要性。相反,我承认故事对于人类来说至关重要。作为早期的在线服务提供商,Prodigy曾经针对人们如何使用互联网做过一项调查。结果令人惊讶:绝大多数人通过互联网与他人交流,彼此倾吐心事,建立联系——这与Prodigy以为的做生意或做研究大相径庭。

如果你想在演示时讲一些关于自己的故事,我希望你能认真思考:故事是与你想传达的信息有关,还是仅为了**表现自己**?无关的故事只会让演示主题变得模糊不清。

6.6　把握节奏

试想你最喜爱的电影是如何把握节奏的：时而扣人心弦，时而舒心平缓，时而引人入胜，剧情就这样在跌宕起伏中推进。电影的叙事方式为演示提供了很好的示范。

如果演示节奏一成不变，无论节奏是快是慢、是激烈还是平缓，都会令观众感到枯燥。试试在30秒之内快速介绍完六页幻灯片内容，然后用四分钟着重介绍一页，接下来用两分钟介绍或讨论三页，随后让观众就一页进行五分钟的讨论。语调要抑扬顿挫；身体语言要丰富：来回走走、挥挥手臂、动动手指；要坚定且饱含情感地表达。记住，你是人，不是幻灯片的附庸。

我敢肯定，演示文稿的内容本身就有一定的起伏。你只需意识到这一点，并在演示时把握好节奏。对于快速翻页，不要有顾虑——即使每秒两页，也未尝不可。我曾经上过一堂关于剧本写作的课，授课者通过一个六分钟的小视频展示了数百部电影的剧照，每张剧照的展示时间各不相同，有些只出现了**四分之一秒**。神奇的是，尽管剧照只有如此短的出现时间，我们的大脑也能够立即做出反应——那是哪位演员，来自哪部电影——只不过来不及形成**文字**。该过程颇费脑力，这不仅因为我们会一直试图忆起演员和电影的名称，还因为每一张剧照都让我们重温与所对应的电影相关的全部情感体验——激情、厌恶、焦虑、紧张、戏剧、爱与幽默。图片的情感力量非常强大。

正因为我们的大脑能够对图片快速做出反应，所以不妨试试在幻灯片中采用解释性的图片，并在演示时快速翻过。对于非图片内容，放慢节奏。不过，即使是一些文字内容（比如小写字母），也能被大脑快速处理。因此，不妨试试在介绍某些文字性的内容时加快节奏。总之，变换节奏的方式多种多样，你只需有所意识并努力把握即可。

举一个例子。我曾经为一些平面设计专业的教师和学生做过一场演示,讲述使用手工元素这一设计趋势。在演示时,我以自己为例,说明亲身操作对我的影响,并向观众解释他们感兴趣的事物如何能为平面设计带来灵感。我只用了约15秒展示前六页幻灯片,然后针对后两页深入探讨如何在平面设计项目中使用摘自旧书的图片和文字。

"几年前,我加入了迷你书协会,并开始收集迷你书……

"特别是老旧的莎士比亚作品迷你书……

"尤其是莎士比亚作品迷你书……

"因为我试图自学装帧艺术……

"在这个过程中,我开始收集老旧的、破损的书,并通过多种方式将书页用于平面设计项目。"

"只为将我20岁出头时在欧洲写的65封家信装订起来,供我的孩子阅读……

6.7 结尾

当演示接近尾声时，观众应该有所察觉，而不是需要通过观察演示者的行为做任何尴尬的揣测。就像故事需要结尾，演示也一样，观众需要知晓演示的结束。试想你正在台下欣赏话剧或表演，当台上的灯光变暗时，你是否会犹豫要不要鼓掌？灯光变暗是因为表演结束还是因为场景变换？如果观众意识不到演示即将结束，他们就会有同样的疑惑。观众需要的是像童话故事里的那种明确的结尾："从此，他们幸福地生活在一起。"

你的结束语可以是"我还有最后一点要说明"，或者"在结束前，我想说……"，抑或"最后，请记住……"。这些话能够暗示观众：演示即将结束，合上笔记本，准备好要提的问题，或趁结束前发送最后一条信息。

左图是某演示文稿的最后一页。该演示文稿的目的是向高中生讲解如何阅读报纸。它看上去是否像最后一页呢？不！从内容上看，没人知道其后是否还有别的任务。

即使授课老师说，"最后，这是你们的作业"，学生仍会期待看到写有道别语的一页幻灯片。

用一页幻灯片展示"谢谢"二字，足以让观众知晓演示结束。除此之外，结束页还可以写上"还有问题吗""请热烈鼓掌""谢天谢地终于结束了"，某个互动游戏或者其他任何与主题相关的话。如果认为整个演示文稿的动画效果还不够多（若不相关，绝不采用，对吧？），完全可以在结束页来点花哨的动画（如右页所示）。正在呼呼大睡的观众也许因此立刻清醒。

结束页是使用花哨动画的绝佳时机。

6.8 为观众留出提问的时间

观众都希望在演示结束后能有机会提问（无论他们是否真的提问），你在做观众时肯定也有类似的想法。我曾经参加过一个为期两天的研讨会，主角是一位著名的沟通大师。他不仅厌恶任何形式的视觉演示（因此他讲的绝大部分内容都被我当成了耳边风），而且拒绝回答观众的问题。这让我觉得他在有意回避，生怕答不上来。这就如同展销会上的那些只负责演示软件却不负责解答问题的人——他们把潜在客户的所有提问都转给真正懂行的人。

因此，请诚恳地接受提问。如果你不能解答与主题相关的问题，那么你就应更换主题。演示现场有可能接受来自社交媒体的提问，这对不敢当众提问的观众来说是个很好的机会。显然，有时提问环节并不在计划之内，但如果可以，请务必重视。如果在你开口征集问题后10秒内无人提问，那么你大可说声"非常感谢"，然后在一片掌声中欣然离场。

我所见过的最糟糕的演示

几年前的夏天，我在英国的一所著名的大学里参加一个学习项目。当时有一场关于古代建筑的课外演示。房间里既闷热又昏暗，椅子七零八落地摆放着，大部分观众都是老年人。

负责讲课的教授坐在台下——大约是在第五排过道中央——面朝屏幕，一边讲一边翻他那设计古板的幻灯片。没有人能够看到他，他也不看其他任何人。我们就在这样一间昏暗的屋子里听着他那虚无缥缈的声音絮絮叨叨，他讲的内容也是枯燥得出奇。我只感觉眼皮打架，幻灯片也在眼前逐渐变得模糊。这位教授一点也不知道，在他讲了一半时，80％的观众已经做起了美梦。

第三部分

四大视觉
设计原则

设计幻灯片

到目前为止,你已经整理好了思路,有了言简意赅的文字稿,了解应该如何使用与主题相关的图片和背景元素,知道如何恰当地运用动画效果,也有了要讲的故事。接下来,便可以进入设计环节。

在《写给大家看的设计书》中,我总结了四大基本的设计原则。本部分将重温这些原则,并探讨如何在设计幻灯片时加以运用。

四大视觉设计原则

在《写给大家看的设计书》中，我阐释了四大基本的设计原则。它们同样适用于幻灯片设计——只需稍加运用，业余的设计便能立刻拥有专业感，提升效果不可思议。在接下来的几章中，我会逐一解释这四大视觉设计原则，然后通过例子来说明如何运用它们。

对比

对比的基本思想是，如果两个元素不同，那么干脆使它们截然不同。显著的对比效果引人注目，往往能成为关注点。对比不仅能刺激情感，还能作为幻灯片的信息组织工具。

重复

使某些设计元素在整个作品中重复出现。这样做能使幻灯片在整体风格上保持统一。你并不需要让每一页都有**完全相同**的视觉元素，而只需要重复某些视觉元素，以增强前后页面的一致性。

对齐

幻灯片中的任何元素均不能随意摆放。每一个元素都应当与页面上的其他元素有某种视觉联系。

亲密性

由于距离的远近暗示关系的紧密程度，因此应该使彼此相关的元素相互靠近。通过调整距离为元素分组，有助于组织信息。

记住，幻灯片的**设计重点**不仅是美观（即不要随意摆放各种元素），还要有利于**传达信息**。运用上述原则可以在美化幻灯片的同时，更连贯、更轻松地呈现信息。

如果幻灯片能给观众良好的视觉体验，他们自然愿意看，而不是低头看手机。

第7章
对比

在吸引注意力这个方面，**对比**算得上是最重要的设计特征。举例来说，下面的两页幻灯片有着完全相同的内容，但哪一个首先吸引你的目光呢？

这是PowerPoint默认的幻灯片首页样式，其中几乎没有用到对比——文字的大小和颜色看起来都差不多；空白区域看上去比黑字还重要。虽然整个页面还算简洁，但显得苍白无力。如果把它作为幻灯片首页，演示者也会显得苍白无力。

强烈的字号对比和黑白反差极易吸引目光。如果把它作为幻灯片首页，演示者的影响力会随即得到显著的提升。

7.1　字体的对比

对比有很多种方式，其中最简单的当属使用大字体。记住，如果演示场地很大，那么坐在后排的观众往往看不清屏幕上的小字。大字体不仅能增强幻灯片的对比效果，还能使文字更清晰。

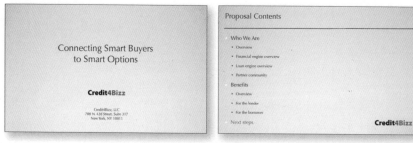

虽然这两页幻灯片看起来还算整洁，但毫无视觉冲击力。事实上，靠右的幻灯片简直无法阅读。（如果文字在计算机屏幕上显得很小，那么在演示现场的屏幕上会显得更小。）

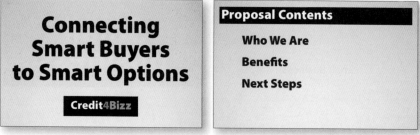

添加对比效果之后，不仅文字更易阅读，更深入人心，而且演示者也可以更加自信。

注意，在靠右的幻灯片中，项目符号不见了。修改后的幻灯片只列举了要点，详细的信息则被放入新的幻灯片中。

为求简洁，新的幻灯片彻底摒弃了项目符号。

黑色小字在白底幻灯片上会显得无力。如果是印在书页上，那么即使是黑色的小字也无妨，但幻灯片不一样。并且，只有前两排的观众能看清。

下面的第一排幻灯片采用的是PowerPoint的默认模板。但请记住，不要因为设计者来自微软公司就认为必须使用这种模板。即使要用，也应该适当地放大字号。当然，如果文字更少一些，就更容易放大字号。编辑是必需的！

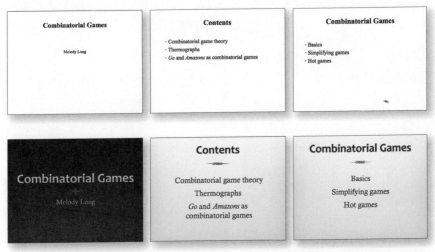

第二排幻灯片也采用了PowerPoint提供的模板，但我特意把默认的字号放大了一些——我并没有采用特别大的字号，只是让文字更易阅读而已。高效地利用对比效果并不需要走极端。

7.2 颜色的对比

在设计幻灯片时,可以利用颜色产生对比效果。让我感到惊奇的是,有太多幻灯片在颜色的使用方面与下面的这两个例子如出一辙。说实话,设计完此页幻灯片,你能看清楚这些幻灯片上的字吗?记住,当你坐在计算机前注视显示屏上的幻灯片时,光是从显示器的内部**穿过**显示屏进入眼睛的;当观众坐在演示现场注视屏幕上的幻灯片时,光则是被屏幕**反射**后才进入眼睛的。也就是说,后面这种情况的颜色对比效果更弱。

请谨记:无论幻灯片在显示屏上看起来多么美观,在演示屏上呈现时亮度与清晰度都有所改变,甚至连颜色看起来都会不一样。当演示屏是荧幕时,更是如此。

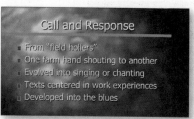

如果担心观众可能看不清幻灯片中的字,请直接调整,不要犹豫。一条重要的人生准则是:"当你对一件事有顾虑时,就不要去做。"

设计与**可见**息息相关。既然你选择阅读本书,我相信你一定想知道如何提高设计的可见度。做法很简单——你只需留意设计的视觉呈现效果,**相信你的眼睛**。

以上幻灯片的问题在于,背景与文字的**对比**不够明显——不仅颜色对比不明显,繁杂的背景也没有与无力的字体形成反差。如果非要采用这种背景,**请考虑用字体来产生**对比效果,如下页所示。

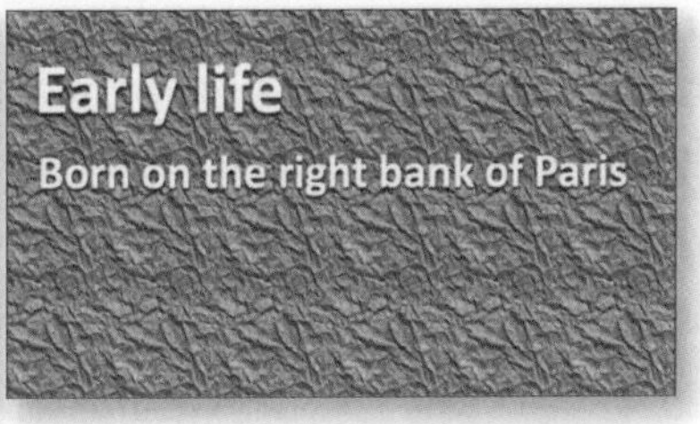

Marcel Proust
His life and work

Early life
Born on the right bank of Paris

文字越少,就越容易使字体和背景形成反差。编辑工作必不可少,请按需使用文字。

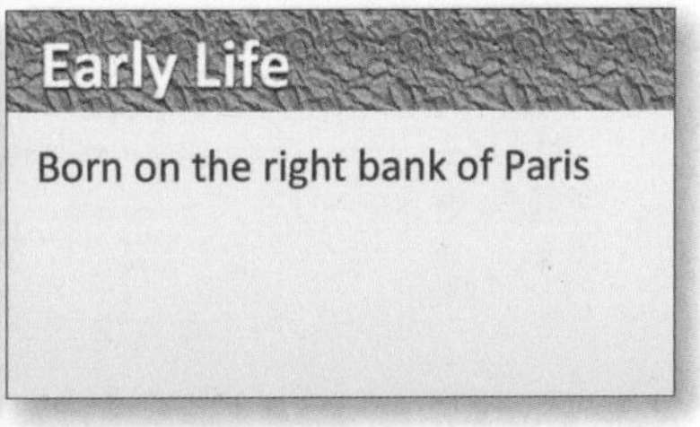

Marcel Proust
His life and work

Early Life
Born on the right bank of Paris

Early Life
Political changes
during his childhood

如果你偏爱这种繁杂的背景,可以稍作裁剪后,将它作为后续幻灯片页面的设计元素,以统一风格。这种做法符合重复原则,第8章将详细解释。如此一来,即使是繁杂的背景,也能使用得当。

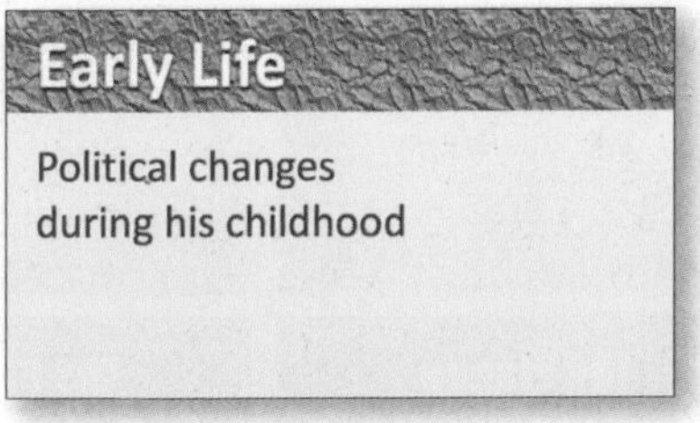

7.3 对比产生内涵

对比能够为演示奠定坚实的基础。对比强烈的幻灯片看起来更有内涵，也能使你在演示时更加自信。

苍白无力的设计！抱歉，我不得不说，这些都是无力的设计。为什么图片如此之小？为什么文字如此之弱？不要让观众必须用望远镜才能看清这些内容。

通常，设计需要同时遵守多个或全部设计原则。

修改之后，对比更明显：字体和图片都更大，背景与文字的反差更强。

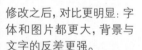

对标题的修改符合对齐原则（详见第9章）。因为原幻灯片中的图片太小，所以修改时将该图片进行了裁剪，并分别在三页中展示不同的部分。这样一来，图片可以放大。标有"The Plague"三页的切换采用溶解效果，因此切换时看上去仅有图片变化。

这样修改之后，观众才能看清图片。

7.4　对比产生层次

不同元素的对比产生层次感，并能引导观众的视线，这是因为反差极具吸引力。当然，大多数幻灯片页面并没有（也不应该）包含太多信息，因此层次感不是必需的。不过，不妨了解这一要点，以备后用。

对比产生的层次可以成为整个演示文稿中的重复性元素（下一章将详细介绍），有助于观众跟上演示节奏。

College Procedures:
How and Where to Apply

- Call 500-038-8668 to have an application mailed to you.
- Go to Enrollment Services, Sheldon Vocational Center (SVC), room 1300
- For more information about admissions, see the handout.

College Procedures:
Skills Assessment

- To enroll in many classes at TSP, you must have a certain skill level in Reading, Writing, or Math.
- For ESL classs, you will take the Levels of English Proficiency Test (LOEP).
- You may get a READ, WRITE, or MATH skill level in two ways:
  - Take a test in the Assessment Center, room 1300 SVC.
  - Take a class and meet the exit competency to increase your skill level.

以上示例有着良好的对比效果：以不同的颜色突出重要信息，不过仍有改进空间。
（此外，应该精简文字。）

How and Where to Apply

Call 500.433.9763 to have an application mailed to you.

Skills Assessment

You may get a READ, WRITE, or MATH skill level in two ways:

修改之后，标题与正文的反差更大了：去除了不必要的标签 "College Procedures"，主标题的字体更大、更粗。

文字被放入更多页面，以减少每一页的文字量（注意 "Skills Assessment" 部分的改变）。如此一来，观众足以看清楚文字。最重要的信息以金黄色表示，观众的视线自然而然地被吸引。

Skills Assessment

Take a test in the Assessment Center, room 1300 SVC.

Or take a class.

7.5 对比吸引注意力

对比本身就能吸引注意力。你肯定有过类似这样的经历（或者能想象这样的场景）：虽然极为普通，但你因为某个方面与周围的人意见相左而吸引了许多目光，对比之下你就突出了。同理，幻灯片设计中的对比也是如此，值得加以利用。举例来说，如果想以某个内容令观众在长时间的演示中为之一振，不妨强化它的对比效果。

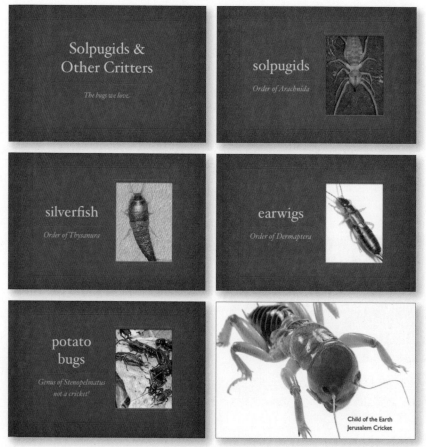

想象自己正坐在昏暗的房间里听一场关于昆虫的报告。演示者一页一页地翻动着带有小昆虫图片的幻灯片。突然，一只硕大的昆虫映入眼帘。你的感受如何？

第8章

重复

重复能够使设计作品在整体风格上保持统一，尤其适用于有多个组成部分的设计作品，比如由许多页幻灯片组成的演示文稿。

一致性是最简单的重复形式，即演示文稿各个部分的风格一致。可重复的元素包括字体、字号、颜色、图片风格、内容项的放置方式、文字和图片的排列方式，等等。任何在演示文稿中出现不止一次的元素，都可以用作重复性元素。

大多数情况下，重复是针对幻灯片中的已有元素而言的。但是，也可以通过**创造**重复性元素来统一设计风格。举例来说，如果演示主题与天文学有关，并且第一页幻灯片使用了某一个星星符号，则可以将其作为在后续所有幻灯片页面中使用的重复性元素（甚至可以改变它的尺寸和颜色）。

8.1 重复有利于统一风格

在运用重复这一设计原则时，最简单的做法是统一演示文稿的整体风格。这并不是说要使演示文稿的所有页面看上去都毫无二致，而是说要有意地使它们看起来浑然一体。

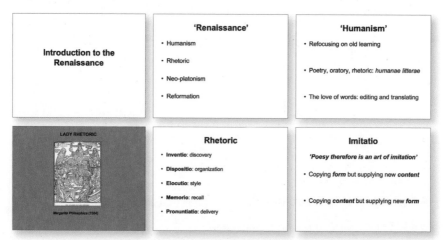

以上六页幻灯片摘自一份共37页的演示文稿。其中采用的字体和白色背景可以算作重复性元素，只不过毫无特色。此外，这六页幻灯片的设计还存在因疏忽造成的矛盾之处：字号不一致，行间距不统一，有些文字没有对齐，其中一页的背景用了暗灰色。

修改的第一步是用与内容相关的背景替代默认的白底。（第4章介绍过如何为这个例子的第一页选择能体现主题的字体。）

接着，通过调整字体、间距和对齐风格来创造一些重复性元素，使整体设计风格一致。

因为该演示文稿共有37页，所以需要做的调整有很多。

第一组幻灯片

INTRODUCTION TO THE
RENAISSANCE
LYNN ROBSON, PH.D.

INTRODUCTION TO THE
RENAISSANCE
Humanism
Rhetoric
Neo-platonism
Reformation

HUMANISM
- Refocusing on old learning
- Poetry, oratory, rhetoric: *humanae litterae*
- The love of words: editing and translating

HUMANISM

Lady Rhetoric

Margarita Philosophica
1504

RHETORIC
- **Inventio**: discovery
- **Dispositio**: organization
- **Elocutio**: style
- **Memoria**: recall
- **Pronuntiatio**: delivery

RHETORIC IMITATIO
'Poesy therefore is an art of imitation'
- Copying *form* but supplying new *content*
- Copying *content* but supplying new *form*

第7章介绍了对比。在本例中，对比也可以用作重复性元素。

添加对比效果之后，幻灯片不仅更美观，而且结构更清晰（不同的内容更易区分）。

HUMANISM
- Refocusing on old learning
- Poetry, oratory, rhetoric: *humanae litterae*
- The love of words: editing and translating

HUMANISM

Lady Rhetoric

Margarita Philosophica
1504

RHETORIC
- **Inventio**: discovery
- **Dispositio**: organization
- **Elocutio**: style
- **Memoria**: recall
- **Pronuntiatio**: delivery

RHETORIC IMITATIO
Poesy therefore is an art of imitation
- Copying *form* but supplying new *content*
- Copying *content* but supplying new *form*

为了使观众注意到主标题的切换，在新的主标题首次出现时，可以添加细微的动画效果来引起关注。

8.2 重复样式

让我们利用对比和重复这两个设计原则,重新设计以下的幻灯片。这三页幻灯片的主题是游戏,由于这个主题非常适合用图片来呈现,因此可以选择从CreativeMarket或iStockphoto等图片库购买廉价的素材。

不过,在重新设计之前,先来**编辑**文字:哪些内容需要出现在幻灯片中?哪些内容需要演示者在现场娓娓道来?哪些内容应该出现在观众可以带回家的纸质资料中?其实,需要出现在每一页幻灯片中的只有标题。其他内容都可以由演示者现场讲述,另外,观众有纸质资料来跟进演讲和做笔记。至于那些用项目符号列举的要点,可以制作新的页面来具体解释。

首先来重新设计第一页。这是演示者刚出场以及开始介绍时,观众从屏幕上看到的幻灯片页面。(第6章解释过为何要添加用于引入主题的幻灯片页面。)

幻灯片之间的切换采用柔和的溶解效果。

在原幻灯片的首页中,标题以下的文字是演示者要说的话,这些内容不必出现在幻灯片中!要点及其阐释内容都归入纸质资料或备注中。

与游戏主题相关的大图和人物非但不会转移观众的注意力,反而能起到画龙点睛的作用。

经过修改之后，页面看上去焕然一新。但是，修改过程并不难，只需注意两点即可：一、精简文字，只保留必须出现在幻灯片中的内容（记住，幻灯片是用来**补充演讲**）；二、投入少量的资金，获取能够强化演示效果的图片素材①。平日里积累一些可用的字体也很有帮助。

本例在修改时采用的字体是Profumo，而不是Arial或Times。如此一来，字体、深色横条和大图模式便成为了重复性元素。标题的样式更为美观，因此也成为了贯穿整份演示文稿的特色。通过类似的方式使用大图，也有相同的效果。注意，重新设计的幻灯片并没有混用大图和呆板的剪贴画，而是一致使用大图。

你也许会有这样的疑问："在原设计中不是也有像剪贴画这样的重复性元素吗？"没错，只不过这样的重复效果太弱了，而且既不是有意而为之，也不一致，甚至不美观。无论是在风格、颜色，还是在位置方面，那三张剪贴画都不统一，它们之间没有联系。

我们的大脑非常热爱有条不紊的事物。对于观看和聆听演示的观众来说，会扰乱思绪的元素越少越好。面对幻灯片中风格一致且相关的重复性元素，观众会有平静感和安全感，也会更加信任演示者。我们会根据图书的封面"以貌取书"吗？当然。同样，我们也会下意识地根据幻灯片的样子以及自己的感受对演示作出评价。人类都是视觉动物。

如果要在互联网上发布演示文稿，则需要添加演示者备注或者制作更多幻灯片页面来更详细地阐释演示内容。

---

① 在本例中，我们在iStockphoto分别搜索了与棋类游戏和视频游戏相关的图片素材，结果找到数百张可选的图片。选定素材用了10分钟，费用是12美元。

8.3 重复图片：不一样的重复

重复并非要千篇一律。在为幻灯片设计时，可以选择重复任意元素来统一幻灯片，比如图片样式、颜色、位置，等等。以下面的幻灯片为例，在展开讨论"What is a Game?"这一个主题时，页面采用了原图的一部分作为重复性元素。这样做有助于观众理解，因此重复不仅能产生一致感，还能使演示内容更明确。

对于这种设计，在切换页面时请使用溶解效果。如此一来，观众就不必在每次页面切换时都去注意重复性元素（标题和图片），溶解效果使页面看起来只有非重复性元素在变化。

8.4 多样化统一

对于极具吸引力的元素，通过不同方式重复并不会影响整体的一致性。一些元素明显属于同一个类型（比如几何图形），它们的使用方式可以多样化。如果使用圆形作为基本的重复性元素，那么即使变换圆形的直径、颜色和位置，也能使幻灯片的整体风格保持一致。如果幻灯片的主题是房子，则可以使用各种房子的照片。重复性元素的视觉效果越强，就越能多样化地加以呈现，同时保持整体风格统一。

如果将显眼的图片作为重复性元素，那么可用的呈现方式有许多：图片的尺寸、颜色、位置、所用字体等均可不同。

在本例中，首页和概览页的设计为整份演示文稿定了风格基调。在此基础上以多种方式重复圆形、颜色、字体、版式、插图等元素，仍然能使整体风格保持一致。

8.5　设计重复性元素

在演示文稿中找到重复的内容项，将它们作为设计元素。如果演示文稿用到一系列名言，那么可以将放大的引号作为重复性元素，以此吸引观众留意这些睿智的话。如果演示文稿中重复出现一个短语，那么可以通过特殊的字体使其成为重复性元素。

这是一份简短的演示文稿。它采用了PowerPoint默认模板。即便如此，至少字体选得不错——Calibri可比Arial美观多了。

在呈现带有数字编号的列表内容时，一般不会突出数字编号，以免观众忽视文字。不过，本例中的数字恰好也是重点[1]。因此，让我们把数字作为重复性设计元素。（还要增加一些对比效果。）

---

[1]　Three Rules of Life意即"三大生活法则"。——译者注

修改后的演示文稿采用了Keynote模板。

显示数字编号1的幻灯片（下左）通过溶解效果切换至下一页（下右），在数字变淡的同时，文字突显出来。这使数字成为承前启后的设计元素。

虽然最后一页幻灯片采用了不同的颜色，但文本框形状、字体、文字的颜色和位置都与前几页幻灯片一致。如果重复性元素足够显眼，那么即使重复被打破，观众也不会认为是设计错误，而会认为是有意为之。

8.6　重复不等于千篇一律

重复并不意味着所有元素都要完全相同。在同一份演示文稿中，不同的页面完全可以采用不同的背景、字体、颜色、风格，等等。重要的是，**重复有利于统一风格**。如果一个显眼的设计主题贯穿整份演示文稿，可以将其细化成新的话题，或者适当改变设计主题后将其用于子话题。

重复性元素的益处包括：观众不必思索便能紧跟演示节奏；为演示取得良好的视觉效果奠定基础；观众在感到放松的同时也能感受到演示者的无微不至；演示者在感到自信的同时也能给观众留下有条不紊的印象。

不过，在每一页幻灯片中都放上公司logo并不算重复，这种做法多余且令人厌烦。

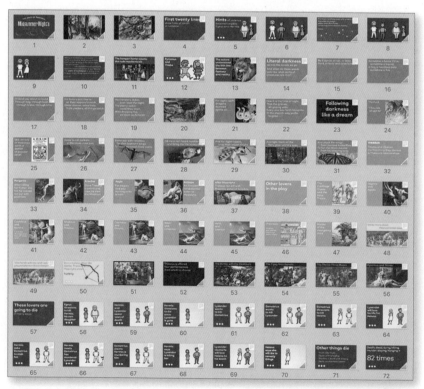

通过Keynote的看片台或PowerPoint的幻灯片浏览，可以查看贯穿整份演示文稿以及各个部分的重复性元素。针对重复性元素所做的每一个变换都是为了加强幻灯片内容的交流与理解。

第9章
对齐

对齐页面上的各个元素，能使页面看上去井井有条、结构清晰，同时有助于更明确地传达信息。

根据对齐原则，在幻灯片上放置元素需要三思而后行。切勿随意放置！每一项内容都需要与同一页上的其他内容有联系，并且同一份演示文稿应该有统一的对齐方式。不要在空白处随意放置元素——应该确保所有元素的放置都符合对齐原则。

该幻灯片上的三项内容看上去毫无关联，每一项的放置似乎都很草率和随意。

只需做一件事——将每一项与其余某一项对齐——就能立即使幻灯片看上去井然有序。

现在，图片与标题对齐；较小的文本框与图片上部水平对齐，文字靠左对齐，其边缘与图片右侧对齐。

9.1 对齐使页面更整洁

虽然我们不建议在幻灯片中插入过多文本，但有时难免根据实际情况做出调整，有可能是文本联系过于密切，不能随意断开，有可能幻灯片要在互联网上或通过电子邮件分享。即便如此，对齐也是去除繁杂、使页面素净整洁的首要工具。

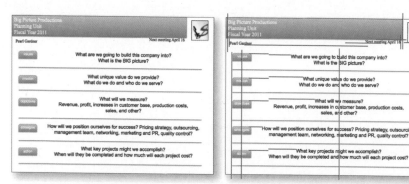

取一支铅笔，沿着内容项的边缘或居中文字的中心画线。你会发现，能画出好几条线。这就是页面看上去杂乱的原因。

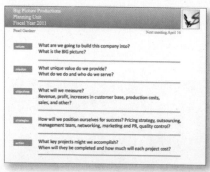

不过，仅是对齐元素和文字，就能使页面变得更整洁。

而且，整洁的页面能更有效地传达信息。

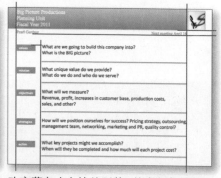

改变蓝色小方块的形状，使它们与顶部的蓝色矩形横条一致，这符合重复原则。舍去小方块的圆角，有助于去除杂乱。

修改之后，每一项都与其余某一项对齐。

对于发布到互联网上的幻灯片来说，文字有助于理解。修改后页面上的文字仍然很多，因此看上去密密麻麻。不过，对齐元素使页面的整洁度和条理性大幅提升。

9.2 对齐使演示文稿更整洁

对齐对整洁度和条理性的提升效果不只限于单独的页面。对于含有多页幻灯片的演示文稿来说，重复运用对齐原则也能够提升整洁度和条理性。

在这两页幻灯片中，元素的放置非常随意。因此，页面看上去杂乱不堪：扎眼的红色并无益处；应该去掉冗长的链接，没人能看清它们。如果链接属于重要信息，应该将它们放在纸质资料中。如果幻灯片将发布在互联网上，应该使用更大的字号显示链接，并且认真设计它们的显示风格。

修改之后，两页幻灯片有了统一的对齐方式。标题与图片对齐，较小的文字靠左对齐，同时与图片对齐。两幅图的尺寸和位置也一致了。

时刻考虑其他替代背景（包括黑色）。可供选择的颜色和纹理有很多，也许你的确需要黑色背景，但至少试试其他颜色。又或许背景根本不必为深色！明亮一些吧！

9.3　对齐有利于统一风格

下面的例子与8.1节中的相同。8.1节强调了重复的重要性，其实，对齐在本例中也很重要——我们很少会单独运用某一个设计原则。如你所见，使用参考线对齐不同页面的内容项，有助于统一整体风格。

个别内容项没有对齐。这是因为模板默认将文字从中间向上下推动。第12章将介绍如何控制。

如果横跨不同的页面画线，会发现内容项有了统一的对齐方式。

9.4 对齐使演示者更具睿智感

没错，幻灯片体现了演示者的素养。如果幻灯片制作草率且表述不清，观众自然会认为演示者马马虎虎或所学不精，或者准备信息不完善。观众的这种想法是油然而生的，并不是刻意思考的结果。因此，请务必遵循对齐原则，让自己显得更睿智！

这一页幻灯片有五项内容，但各自分离。并且，文字显得格外小。

这是对齐之后的效果，甚至连人物的眼睛都对齐了。并且，Iago的图片被裁剪了，人物因而显得更大。

除了黑色，试着换一个背景颜色看看。

9.5　对齐：井井有条的秘诀

要使幻灯片看起来井井有条，最重要的指导原则就是对齐。

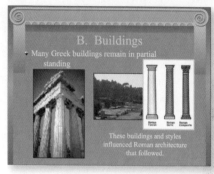 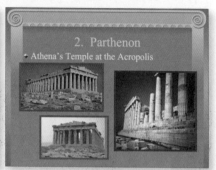

我希望你能**看出**，这两页幻灯片有多么杂乱无章，丝毫没有对齐的痕迹，简直就是大杂烩。

模板的背景极易分散注意力。如果想展示大量图片，不妨让图片自己说话。

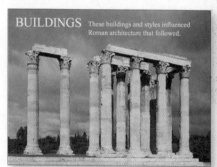 

好吧，我作弊了。我实在无法忍受原幻灯片中的那三张图片。它们的清晰度不高，风格也不一致，简单的对齐操作无济于事。这份演示文稿的主题似乎是建筑，如果的确如此，请直接展示建筑。找一些高清图片（请参考第15章末尾），去掉浮华的元素，比如仿希腊建筑的边框。

修改之后，不同幻灯片中的文字都相互对齐了，整体有了统一的内容结构。

9.6　再谈对齐

还记得第3章举的例子吗？现在运用对齐原则整理这几页幻灯片，使它们更清晰。我们并没有改变数据，只是将各个元素对齐了。现在，观众一眼就能看到重要信息。

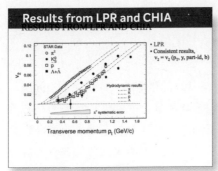

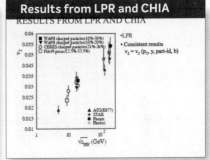

这类幻灯片的呈现难度最大。也许它们的受众对幻灯片有着更高的忍耐度。

新加的对比效果使幻灯片更有表现力。

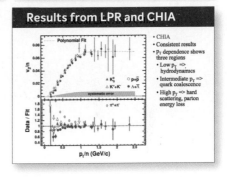

9.7　调整对齐方式

在制作演示文稿时，偶尔可能需要调整对齐方式，以使整体风格一致。请学习如何利用制作软件设置合适的母版幻灯片。PowerPoint和Keynote往往会"自作主张"地使用某种字号或放置方式。因此，再次友情提示：学会控制软件，而不要受它控制。基本技巧请参考第12章。

9.8　故意违反对齐原则！

有时，无论如何对齐，某几页幻灯片都与其余的格格不入，这完全没问题。也许你就是希望这几页看起来与众不同，如果其余的幻灯片页面明显有着统一的对齐方式，那么出现几页与众不同的幻灯片看起来就是有意而为之的，并不会给人随意或杂乱的印象。不过，这并不能成为随意放置幻灯片元素的借口——如果决定故意违反对齐原则，必须能用文字描述做这一决定的原因，以及为什么这样做有益于传达信息。

第10章
亲密性

如果幻灯片中的多个内容项彼此靠近，观众就能立刻明白它们有关联。元素之间的距离远近对直接理解至关重要。

元素看上去越近，它们的含义也就越接近；相隔越远，它们在含义上的差别也就越大。在放置幻灯片的元素时，请谨记这一点。

这一页幻灯片有几项内容呢? 从距离来看，答案是四项。

仅通过调整距离，就能把内容项从四个减为两个。

即使文字使用的是英语，我们也能立即明白，其中一项是主标题，另一项是作者署名。

10.1　建立联系

元素之间的距离反映了它们的关系。对于彼此靠近的元素，观众会理所当然地认为它们之间有联系，因此在制作幻灯片时需要格外注意。以人际关系为例，思考我们平常会如何根据两个人的亲密程度来判断他们的关系。当你身处一个群体时，请留意其他人之间的关系，并问问自己判断的理由是什么。同理，在组织幻灯片的各个元素时，也应该有类似的思考。

将亲密性和对齐这两个原则结合起来绝对没错，不仅幻灯片会更美观，而且信息会更明确。

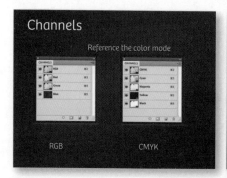

副标题更靠近图片，而不是主标题。另外，文字说明（RGB和CMYK）离各自对应的图片太远了。

仅需要留意各元素之间的距离并做相应的修改，就可以立刻使幻灯片的结构更清晰，内容更明确。

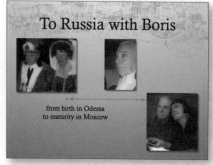

切勿随意放置元素！应该将元素归类。

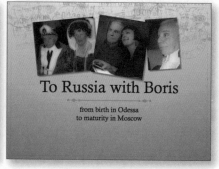

现在，一眼就能看到所有信息，不必再在页面各处搜寻可能遗漏的信息。

注意到这一页如何运用对齐原则了吗？（居中）

10.2 留白也无妨

你有时可能会刻意把文字铺开，为的是填补页面上的空白。其实不必这样做，即使留白也无妨。事实上，专业的平面设计讲究的一点恰是**井然有序**地留白，也就是说像对待其他设计元素一样斟酌页面的哪些位置需要留有空白。

不必担心，**如果遵循四大视觉设计原则，那么幻灯片上的空白自然会井然有序**。观察下面的例子。可以看到，运用亲密性原则之后，页面的空白变得更整齐了，根本无须刻意设计。你需要做的仅是保留空白即可。

Next Steps

❖ Complete systems analysis by Aug. 31

❖ Install financial analysis system by Oct. 15

❖ Complete staff training by Nov. 20

❖ Begin transition to new system by Jan. 1

Next Steps

❖ Complete systems analysis by Aug. 31
❖ Install financial analysis system by Oct. 15
❖ Complete staff training by Nov. 20
❖ Begin transition to new system by Jan. 1

能看出这一页中的空白在哪里吗？正是空白使各内容项彼此分离，甚至连项目符号也离对应的文字太远了。

现在，页面中的空白变整齐了。不过，除了运用亲密性原则使同类的元素靠得更近，我们并没有做其他改变。

Next Steps

❖ Complete systems analysis by Aug. 31

❖ Install financial analysis system by Oct. 15

❖ Complete staff training by Nov. 20

❖ Begin transition to new system by Jan. 1

Next Steps

❖ Complete systems analysis by Aug. 31
❖ Install financial analysis system by Oct. 15
❖ Complete staff training by Nov. 20
❖ Begin transition to new system by Jan. 1

如果采用默认模板，文字可能就会像这样自动铺开。因此，需要了解如何控制软件（详见第12章）。

只要页面看上去井然有序，即使留有大量空白也无妨。不必为了填补空白而将文字铺开，这样做会适得其反。

10.3　合理进行留白

将亲密性原则与对齐原则结合起来，可以避免陷入留白误区，即空白生硬地夹在两个元素中间。如果将空白比作流水，那么它需要流动起来，而不能成为一潭死水。限制留白区域会强制分开两侧的元素，正如上页的例子所示。

以下的例子展示了在设计中常会遇到的一种情况——图片和文字并排显示。图片的左右边缘都非常清晰，而文字仅有**一侧**的边缘清晰（居中对齐的文字除外）。一般来说，文字都是左对齐的。

如果将两个元素各自有着清晰边缘的一侧相互对齐，则可以一举两得——既避免限制留白区域，又使页面布局更清晰。

图片的两侧边缘都非常清晰，文字则因为左对齐而只有**左侧**有清晰的边缘。如此排列文字和图片，就在二者中间限制了留白区域，使二者看上去彼此分离。

对齐两个元素各自清晰的边缘，可以使空白"流向"页面之外。之所以这样的设计更好，是因为它让页面上的元素看起来更整齐，而不是随意的放置。

10.4 使页面整洁

将页面上的元素进行适当的分类，可以立即提升页面的整洁度。

始终需要思考的一个问题是，观众的目光要跳跃多少次才能浏览完页面上的全部信息？请看看下面靠左的幻灯片，注意你的眼球如何转动。当你浏览完这五个元素之后，是否还在页面上四处搜索，想确保自己没有遗漏？试想一下，面对这样的幻灯片，如何能在聆听的同时还有工夫记笔记？

在这样小小的一页幻灯片中，存在多少个元素？是否有**看上去**彼此相关的元素？从它们各自的含义来说，是否有哪些元素**应该彼此更靠近**？

显然，修改远不止调整各个元素之间的距离，但都**以此为目的**。我们编辑了文字，去除了边框，调整了元素的大小，还换了字体。

既然信息更明确了，何不再做些改善呢？让背景更明亮，样式更有趣。当然，这种欢快明亮的风格应该贯穿整份演示文稿。

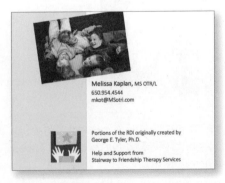

运用亲密性原则，同类的元素得以靠近（不同类的得以分离）。与此同时，幻灯片的内容变得更明确，设计也有了更大的灵活性。

10.5　从亲密性原则着手

四大视觉设计原则（对比、重复、对齐和亲密性）相辅相成，但亲密性原则是不错的着手点。在开始设计幻灯片时，先找到各个元素之间的关系，并据此将元素归类，在不同类的元素之间留白；然后，开始运用其他视觉设计原则，使四大原则贯穿整份演示文稿。

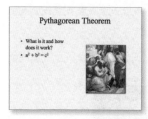 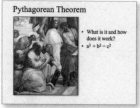 

1. 该页面上的三个元素排列得很随意，彼此看起来毫无联系。

2. 首先将同类的元素靠近并对齐。何不将毕达哥拉斯这张美图放大一些呢？页面现在有了不错的基础框架。

3. 真的需要那两个项目符号吗？去掉它们之后，页面看起来更整洁，而且文字得以更靠近图片。加大两项文字之间的距离，有助于让观众知道它们是不同的内容。

4. 采用更具吸引力（并且与主题相关）的字体代替原标题所用的默认字体（Times New Roman）。

至于正文的字体，选择干净利落的无衬线体——既能清晰呈现内容，又能避免两种字体相互冲突。

5. 基本轮廓完成后，多做一些尝试。经过清除杂乱并且明确各项之间的关系，尝试其他设计方案变得容易了许多。

第四部分

再谈设计

设计原则之外的思考

认为无须注重细节的人可能无法做好演示。无论是学习如何通过软件设置段落间距，还是在演示现场恰如其分地控制光线强度，再小的细节也能决定成败。

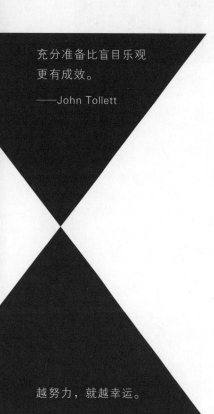

充分准备比盲目乐观
更有成效。
——John Tollett

越努力，就越幸运。

第11章
纸质资料

对于许多演示来说，纸质资料都是重要的组成部分。不过，有些演示没有必要提供纸质资料，例如进行倾向视觉交流的主题演讲，以及借演示的机会发表哲学评论并进行大量讨论的演讲。

然而，观众往往希望能拿到实质性的资料，以便带回办公室、学校或家里。纸质资料有助于观众在聆听时做笔记，同时紧跟演示节奏，并了解演示何时结束。

如果演示内容包含数据图表，提供纸质资料有助于每一位观众实实在在地看到数据并在其上做笔记。

如果演示主题是指导观众做某件事，那么可以将说明步骤放在纸质资料中。（普通人很难一边听着演示者讲话一边正确记录说明步骤。）

联系方式、参考资料、网址等信息均可放在纸质资料中。永远不要期待观众能够自己正确记录复杂的网址。

纸质资料的设计风格应该与演示文稿保持一致——使用相同的颜色和字体。此外，logo可以出现在纸质资料中，这里才是logo应该出现的地方，因为观众可能会保存纸质资料。

纸质资料的重要性

你可能听过这样的说法："千万不要提供纸质资料，因为这样做会让观众分心。正所谓一心不可二用，观众在浏览纸质资料的同时就不能专心听讲了。"还有这样的质疑："如果为观众提供纸质资料，他们还有什么必要听你讲呢？"

简直是一派胡言。

相信我，即使没有纸质资料，观众也很容易分心。他们随时可以掏出手机来上网、发邮件或登录其他社交软件；也许他们带了笔记本电脑，想赶一些未完成的工作；也许他们埋头写字，你以为他们在努力做笔记，其实他们在为自己的小说打草稿；他们甚至会起身离开演示现场，去外面买杯咖啡提提神。因此，千万别误以为只有纸质资料才会让观众分心。

事实上，观众对纸质资料的反应与你所担心的恰恰相反。收到制作精良的纸质资料，观众会有一种被尊重的感觉，因此会相应地给予演示者更多的关注。

在聆听时，观众有做笔记的需求。他们想在纸质资料上圈出重点，记下有待核实的事项、需要稍后提交的内容、能为自己所用的信息，以及演示者的诙谐之语等。一边听讲一边做笔记，这是我们从小在学校里就习得的技能。如果纸质资料制作得足够用心，观众就能够通过它紧跟演示节奏，并根据自身需要做笔记。

在设计纸质资料时，也应该遵循第三部分所介绍的四大视觉设计原则。

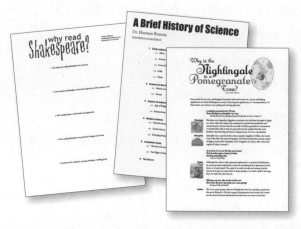

纸质资料的内容可以非常简单：仅提供内容大纲即可，或者列举要点和参考资料；不过，复杂一些也未尝不可，也许他人可以将其用作教学材料。

永恒的记录

对于观众来说，从屏幕上获取的信息属于短期记忆，而且不一定记得正确；他们带回办公室的纸质资料才是永恒的记录。

诚然，利用制作软件提供的功能，可以有选择地打印幻灯片——仅打印幻灯片，仅打印备注内容，二者都打印，等等。这样做倒是方便，但是效果一般。举例来说，如果为了详述每一个要点而增加了幻灯片的页数，那么通过上述方法打印的纸质资料将多达二三十页。另一种情况是，如果制作演示文稿的目的是辅助演示，那么将演示文稿打印成册并没有多大意义。

要制作可以永久保存的实用资料，需要额外花些心思。不过，付出是值得的，实用的纸质资料将提升整场演示的效果和影响力。观众会感受到你的良苦用心，他们会认为你非常专业。你的影响力将不止于演示结束之时，纸质资料会随时唤起观众对你的记忆。

在第4章，我提到不必在每一页幻灯片中都放logo。观众对幻灯片的记忆转瞬即逝，而在设计美观的纸质资料中印上logo和其他品牌元素则更有传播价值。

同一份演示文稿往往会多次使用，因此制作纸质资料并不是一次性的工作。如果你为演示付出很多心血，会想着再做一场！每一场的效果都会更上一层楼。

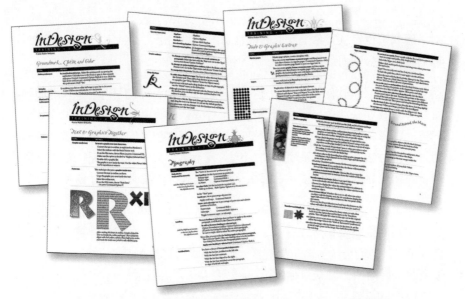

在指导研习班时，我不能期待学员记住我讲的所有内容。从道德角度来说，我有义务故意忽略有用的信息①。当然，许多大型会议都要求演示者提供纸质资料，这是很好的做法。

发布备注内容

在将演示文稿发布到如SlideShare这样的网站上时，可以同时发布备注内容。制作软件会根据演示文稿中的文字自动生成备注内容，但直接发布意义不大——这样的备注内容和演示文稿的内容没有差别，观众无从知晓演示主题。

记住，备注内容的意义在于为浏览者提供能够进一步理解演示文稿的信息。将这样的信息放入备注中，就不必使小小的幻灯片页面看上去拥挤不堪。

---

① 因为研习班需要学员自己进行大量的探讨，所以作者才会这样说。——译者注

何时不需要纸质资料

很多时候，你可能需要将幻灯片发布到互联网上，以供学生、员工、同事或大众浏览。由于浏览者拿不到任何纸质资料，因此详尽的文字是必需的，这无可厚非。需要留意幻灯片的可读性，不要让文字排得密密麻麻；如果你坐在计算机屏幕前都看不清幻灯片中的文字，那文字就没有意义了。

幻灯片能够体现制作者的品位，制作精良的幻灯片散发着专业气息。如果幻灯片仅供在线浏览，那么它的代表意义就显得更重要。视觉冲击力将即时刺激浏览者做出反应。来看看以下两个例子。你更愿意去了解哪一个的内容呢？更重要的是，你认为哪一个的制作者更自信？

如果演示文稿的主题与人有关，那么第一页应该避免像第一个例子那样生硬。第二个例子采用了一张可免费使用的家庭照片，通过必应图库筛选器下的"Free to share and use commercially"便可获得（详见第15章）。

某些设计师既不擅长遵循原则，也不擅长打破原则。优秀的设计师则恰恰相反。

——Jim Alley，萨凡纳艺术与设计学院教授

第12章
学习使用软件

若不懂得如何使用制作软件，就不可能设计出合适的幻灯片。诚然，在幻灯片中加入文字和图片并改变它们的位置并非难事，但若想取得令人满意的视觉效果，需要了解如何**控制**软件。

针对如何使用具体的制作软件，你可以找到许多书和在线教程。不过，我希望在此指出制作软件的几个特性，它们对于幻灯片设计来说至关重要。

我无法为每一款制作软件以及每一个版本提供教程。针对本书写作过程中使用的PowerPoint和Keynote的几个特征，我在本章提供具体的使用指南。你所用版本的界面可能与本章中的有所不同，但你应该能够找到与之对应的特性。另外，别忘记阅读帮助文件！

12.1 关闭文本自动调节功能

Keynote和PowerPoint都默认开启文本自动调节功能。在你输入文字的同时，字号会有相应的改变，这并不利于统一页面的设计风格。若想取得主动权，就应该关闭自动调节功能。

它可以在打字的过程中重新调整文本字号，我注意到有人的确喜欢这个功能。但是，如果想制作出风格统一的幻灯片，并让观众认为你确实花了一番心思设计，那么抱歉，你需要关闭这个功能，并且关闭默认的居中对齐功能（详见12.2节）。

关闭Keynote的文本自动调节功能

所幸，Keynote没有在用户创建的文本框中应用该功能，只有母版幻灯片的默认文本会自动调节。请遵循以下步骤关闭母版幻灯片的文本自动调节功能。

1 单击"View"，在下拉菜单中选择"Edit Master"。
2 如果没有显示格式面板，单击工具栏中的"Format"。
3 单击蓝色的"Text"选项卡。
4 单击"Layout"选项卡。
5 选取文本框，然后取消"Shrink text to fit"选项。
6 针对母版幻灯片中的其他文本框，重复上述操作。
7 单击"View"按钮，在下拉菜单中选择"Edit Master Slides"。

在PowerPoint中关闭文本占位符的自动调节功能

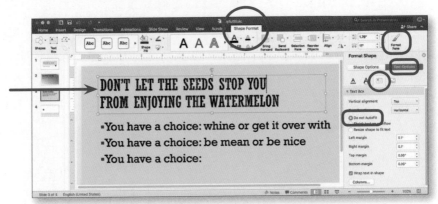

需要在"Shape Format"选项卡中进行操作，如上图所示。不过，必须选中文本才能看到该选项卡。

　1　选中一个或多个文本占位符。

　2　单击在顶部出现的"Shape Format"选项卡。

　3　单击画笔图标，打开"Format Pane"。

　4　单击"Text Options"。

　5　单击"Textbox"选项。

　6　选择"Do not AutoFit"。

　7　针对其他文本占位符，重复上述操作。

既然已经打开了格式面板，就顺便将"Vertical alignment"改为"Top"，如下一页所示。

在PowerPoint中关闭所有新文本占位符的自动调节功能

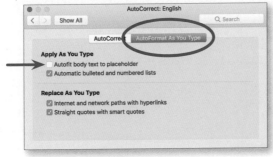

　1　打开首选项面板。

　2　选择"AutoCorrect"面板。

　3　单击"AutoFormat As You Type"选项卡。

　4　取消"Autofit body text to placeholder"。

　5　关闭首选项面板。

12.2　垂直顶端对齐

文本框和文本占位符不仅有**水平**对齐方式（就像文字处理器中的左对齐、居中对齐或右对齐），还有**垂直**对齐方式：顶端对齐、中部对齐或底端对齐。

| 顶端对齐 | 中部对齐 | 底端对齐 |

许多占位符（甚至形状）默认采用垂直中部对齐。这样一来，根本无法对齐文字，因为它们会从中间开始往上下两个方向移动。如果想取得页面设计的主动权，必须修改默认对齐方式！出于对一致性的考虑，大多数情况下应该选择顶端对齐。

采用默认的垂直中部对齐和文本自动调整功能，就会造成如图所示的结果。三页幻灯片的行间距并不统一。

在PowerPoint中修改垂直对齐方式

1　遵循上一页提到的步骤，选择文本并打开格式面板。

2　将"Vertical alignment"改为"Top"。

在Keynote中修改垂直对齐方式

1 选择要修改的文本框。

2 单击"Format"按钮，以显示格式栏。

3 单击"Text"选项卡。

4 在出现的"Text"面板中单击"Style"
   选项卡。

5 在"Alignment"下，选择"Top"，
   如图所示。

此外，也可以修改母版幻灯片中文本占位
符的垂直对齐方式。

12.3 调整行间距

文本的一个重要属性是**间距**，包括字间距、行间距、段落间距，以及文本与项目符号的间距。学会控制间距至关重要。

增大**行间距**有助于提高可读性。

Four score and seven years ago our forefathers brought forth onto this continent a new nation, conceived in liberty, and dedicated to the proposition that all men and women are created equal.

Four score and seven years ago our forefathers brought forth onto this continent a new nation, conceived in liberty, and dedicated to the proposition that all men and women are created equal.

瞧，稍微增大**行间距**，是不是就能让文本更易阅读？

在PowerPoint中增大行间距

1 选中文本。

2 右击文本，并在出现的菜单中选择"Paragraph"。

3 选择"Indents and Spacing"选项卡。

4 修改"Line Spacing"的相关设置，如下图所示。

本例选择的是"Exactly"，这意味着将行间距设置为固定的值，该值等于字号加上文字与该行之间的空白值。假设正文的字号是18磅，若想保持6磅空白间距，那么应在Exactly之后输入24（6+18=24）。

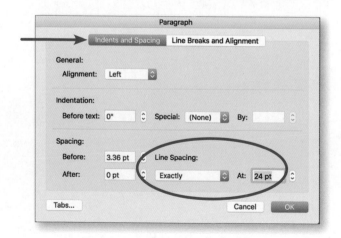

在Keynote中增大行间距

1 选中文本。

2 单击"Format"按钮，以显示格式栏。

3 单击"Text"选项卡。

4 在出现的"Text"面板中单击"Style"
选项卡。

5 在"Spacing"下，修改"Lines"的值，
如左图所示。

既可以直接键入具体的数字，也可以多
次单击向上或向下的箭头。

此外，也可以修改母版幻灯片中文本占位
符的行间距。

12.4 调整段落间距

每次按回车键后，都会另起一段。以寄信人地址为例，假设地址占**三行**，因为在换行时按了回车键，所以计算机会认为它有**三段**。同理，每一个以项目符号列举的要点都是**一段**。

在调整段落间距时，注意不要误用了行间距调整功能。**段落间距**包括段前间距和段后间距。

> **段前间距**是指位于所选段落之上的空白空间。通过设置段前间距，可以将正文与标题分开。

> **段后间距**是指位于所选段落之下的空白空间。通过设置段后间距，可以使各个要点彼此隔开。

切勿通过按两次回车键来增加段落间距！那样做会使段落之间的间隙过大，并不美观。

One little fishy went to market. Two little fishies stayed home. One little fishy ate bean soup. The blue little fishies ate none.	One little fishy went to market. Two little fishies stayed home. One little fishy ate bean soup. The blue little fishies ate none.

调整**行间距**时，每一行都会有变化。

调整**段落间距**时，行间距不会有变化，只有每一段的段前间距或段后间距会改变。

在PowerPoint中调整段落间距

1 选中文本。

2 右击文本，并在出现的菜单中选择"Paragraph"。

3 选择"Indents and Spacing"选项卡。

4 修改"Spacing"的相关设置，如右图所示。

5 在"Before"和"After"后面分别输入想要的段前间距值和段后间距值（以磅为单位）。

6 单击"OK"，看看有何变化。

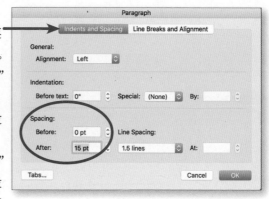

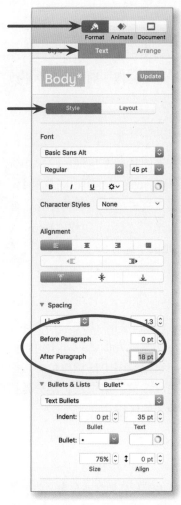

在Keynote中调整段落间距

1 选中文本。

2 单击"Format"按钮，以显示格式栏。

3 单击"Text"选项卡。

4 在出现的"Text"面板中单击"Style"选
项卡。

5 在"Spacing"下，修改"Before Paragraph"
或"After Paragraph"的值。既可以直接
键入具体的数字，也可以多次单击向上
或向下的箭头。你会立即看到修改效果。

此外，也可以修改母版幻灯片中文本占位符
的段落间距。

12.5 裁剪或遮罩图片

在制作幻灯片时，我们常常会裁剪图片，以去掉图中多余的部分。裁剪操作很简单，而且原图并非不可恢复——即使第一次裁剪的效果不甚理想，也可以重新裁剪。

在PowerPoint中裁剪图片

1 右击图片，在出现的菜单中选择 "Crop"，也可以双击图片，在工具栏中单击裁剪图标，然后选择 "Crop" 或 "Crop to Shape"。

2 选择裁剪后，图片上各个部分出现黑色方形区，如图所示。向里拖动图中任意黑色方形区完成裁剪。图中灰色部分是被裁掉的区域。

3 单击图片外的任意位置，查看裁剪效果。

4 若要重新裁剪，重复以上步骤。

5 若选择 "Crop to Shape"，图片会自动出现在所选的形状中。选中形状并再次单击 "Crop" 图标，可以重新调整形状的尺寸。

在Keynote中遮罩图片

1 选中图片。

2 双击图片或单击工具栏中的"Mask"图标，也可以在"Format"菜单中选择"Image"，然后再选择"Edit Mask"或"Mask with Shape"，本例选择的形状是"Oval"。在遮罩区域的四角（如果有的话）和每条边上都会出现黑色控制柄。

3 在出现的黑色工具条中，选择"Mask"图标，如左图所示。拖动相应的控制柄，以调整遮罩区域。

4 单击黑色工具条中的图片图标，即可调整图片大小或改变图片在遮罩区域内的位置。

5 单击被遮罩的图片并拖动出现的控制柄即可进行缩放。

图片　　遮罩

选中图片后单击工具栏中的"Mask"图标（或者双击图片），就会出现这个工具条。

要编辑**遮罩**区域，请选择"mask"图标。

要编辑图片，请选择"image"图标。

147

12.6　等比例缩放图片

在PowerPoint中缩放图片时，容易造成宽高比失调。一个窍门是，在缩放时拖动某一角的控制柄，而不是某一条边上的控制柄。

通过这个控制柄**旋转图片**。

如果随意拖动某一条边上的控制柄，
会使图片的宽高比失调。

拖动某一角的控制柄，
能使图片等比例缩放。

在Keynote中缩放图片时，因为默认宽高比固定，所以无论拖动哪个位置的控制柄，都不会造成图片变形。

如果确实需要改变宽高比，可以选中图片，单击"Format"按钮，然后选择"Arrange"选项卡。在该选项卡中，取消"Constrain proportions"选项，直接输入具体的图片尺寸或拖动任一控制柄，以改变图片的大小。如果同时按住Shift键，则可以等比例缩放图片。

如果要**旋转图片**，按住Command键，将鼠标移到图片的某一角，光标会变为弯曲的双箭头，按住并拖动即可。

第13章
有些"规则"
不必理睬

你一定听说过或者读到过一些关于制作电子演示文稿的规则,我在本书中也介绍了一些指导原则。不过,演示文稿的类型如此多样化,以至于我必须指出一些"规则"的不当之处。其中一些或许有着良好的初衷,但由于非专业人员对制作演示文稿没有把握,因此望文生义地误读了那些"规则"。

在思考自己应该遵循何种设计原则时,必须时刻想到受众和演示场所。是会议室、大厅,还是体育馆?是学术会议、青少年研习班,还是老年活动中心?面向的是演员还是科学家?

指导原则为设计演示文稿提供了不错的切入点。然而,许多规则是用来打破的,很多人对它们有所误解。接下来,让我们仔细探讨一些说得义正词严的"规则"。

13.1 "切忌照着念"

此言差矣。

"不要读幻灯片"，你肯定三番五次地听人这样告诫过。一些人因此而误以为绝对不能把幻灯片的内容读出来！我曾经亲耳听到演示者在读了几个字之后忽然自言自语道："哎呀，我不应该照着念！"

问题的关键不在于能否照着幻灯片念，而在于能否把要在演示现场说的话统统写在幻灯片中。**不要把要讲的话全部放入幻灯片中，这样就不用必须读幻灯片。**

我在演示时总会大声念出幻灯片的内容。一方面，我的幻灯片并没有太多文字，仅有的一些正是我讲的要点。当我谈及该要点时，它恰好出现在幻灯片中。正因为如此，观众会从视觉和听觉两个途径同时接收到我要传达的信息。有时，还有第三个途径：观众手中的纸质资料。

另一方面，我从不假定坐在后排的观众能看清幻灯片的内容。即便是靠前的观众，视力也不一定都好。以下面的幻灯片为例，其中的文字是莎士比亚的一句名言。我想确保每一位观众都知道这句名言。因为大家已经牢记"切忌照着念"，所以我会在照着念之前这样说："你们可能看不清楚，因此我念一下。"

请勿假定每一位观众都有绝佳的视力或能看清屏幕上的每一个字。

同时，我会确定笔记本电脑放在我和观众之间。然后，我会面朝观众，照着笔记本电脑念，而不是背对着观众照着屏幕上的字念。

如果在屏幕上看到某些词却没有从你的口中听到，观众极有可能感到困惑，他们不知道眼见的和耳闻的有何联系。

真正的问题

请容我再说一遍：照着念不是真正的问题，告诫人们"切忌照着念"的人，其本意是指出另一个问题——把要在演示现场说的话统统写在幻灯片中，并且像读论文似的照着读出来。**这才是真正的问题**。请避免这样做。

PowerPoint Slides
• Highlight key points or reinforce what the facilitator is talking about
• Should be short and to the point, including only key words and phrases for visuals and reinforcement
• In order for your presentation to fit on most screens, text and images should be placed within 95 percent of the PowerPoint slide. This "action safe" area is shown on the next slide.

PowerPoint Slides
• Highlight or reinforce
• Short statements, key words and phrases
• Action-safe area

若把要说的话统统写入幻灯片，除了照着念，别无他法。

摘出要点并写入幻灯片，通过现场解说丰富演示内容。

13.2 "切忌使用衬线体"

胡说八道。

只要**字号够大**（即让观众看得清），请随意使用衬线体。的确，许多（但并非全部）无衬线体在计算机屏幕上比衬线体更易阅读，这是因为无衬线体的笔画通常更粗，字形更简单。专为计算机屏幕设计的无衬线体尤为如此（这不包括Arial和Helvetica）。

但是，如果能将字号调得足够大，即便使用衬线体也无妨。与字形简单的无衬线体相比，衬线体会给人完全不同的感觉（通常让人感到更温暖）。因此，请好好利用这个特点。

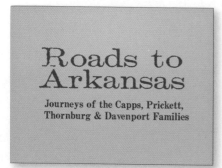 

衬线体的种类繁多。只要字号够大，请大胆使用衬线体。

这是经典的Garamond字体。如果字号设得足够大，那么即使是在屏幕上也极易阅读。

应该避免使用细笔画的字体，如上图DIDOT中的短横线。当选用较小的字号时，观众几乎看不见水平方向上的笔画。

13.3 "切忌使用动画"

一派胡言。

既然本书已经读到这里了，那么你一定知道，动画是极其有用的工具。它的用途包括阐明要点、切换话题、引导观众，等等。

"切忌使用动画"的本意是切忌使用会令观众厌烦的动画效果。这包括给文字添加打字机效果，让每个元素都旋转着飞入页面，采用呆板的动图，每次切换页面都采用棋盘效果。诚然，这些动画效果让人跃跃欲试，但演示文稿的目标是清晰阐释。请使用能助你一臂之力的动画效果。

这幅图节选自Dave Rohr所做的名为 *Roads to Arkansas*（通往阿肯色州的路）的演示文稿。当他讲到Prickett家族的迁移路线时，箭头出现了，并且朝着目的地移动。这一动画效果抓住了观众的注意力，同时使迁移路线清晰可见。

13.4 "切忌使用多个背景"

非也非也。

正如本书所述，如果有充分的理由，就可以在同一份演示文稿中使用不同的背景。不过，前提是有充分理由并且能够用语言描述。"我看腻了这个蓝色飞船的背景，想换成绿色森林"，这样的理由可不算充分。

新的背景会给观众一个信号。请确保这的确是你想发出的信号，例如新的话题、思维转变，或者某件特别的事情。记住，一旦换了背景——尤其是有趣的背景——观众那思维活跃的大脑就将开始处理信息。如果新的背景和你正在讲的内容没有关系，观众的注意力就会分散。在他们的大脑试图理解新背景的含义时，你说的话只能成为耳边风。

因此，变换背景的前提是**内容相关且有助于清晰阐释**。

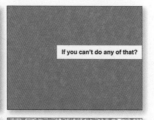

这几页幻灯片节选自Paul Isakson的某份演示文稿（经授权使用）。尽管它们的背景各不相同，但你能看出它们之间有何联系吗？Paul在整份演示文稿中重复使用这些视觉元素，每一次变换背景都是为了提示出现新的内容或话题。

13.5 "切忌幻灯片无图"

信口开河。

仅有排版美观的文字足矣。只不过，需要确保文字足够清楚。字体是否易读？字号是否够大？文本颜色是否有别于背景颜色？页面是否有足以吸引眼球的对比效果？

如果内容和排版都很无趣，那么即使随便放上一张图片也于事无补。如果使用默认模板——小黑字配大白底——那么在页面的四角随意放些剪贴画并不能改善效果。

当然，当图片有助于阐明要点时，可以插入这些与主题相关的图片，甚至动图。

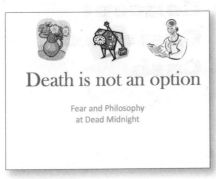

这几张随意插入的图片难道真的对阐述主题有帮助吗？

上图：如此搭配背景和漂亮的文字足矣。下图：简约效果也不错。两个例子都没有随意使用图片。

13.6 "切忌每页多于五个要点"

纯属胡说。

不能给每页的要点个数随意设置上限。真正应该注意的是,正如第3章所述,**不必将所有要点都放在第一页中**。理解了这个概念,然后将各个要点展开演示,判断哪些要点需要用多页幻灯片阐述,哪些要点需要放在同一页中讨论,这样一来,你自然会知道每一页中应该放多少个要点。每一页的要点个数取决于演示需求,而不取决于他人随便说的某个数字。

有时,可能需要在同一页中放六七个要点(不过一般不需要放这么多)。只要能**用语言描述理由**,并且确保所有文字清晰可见,就可以这样做。如果理由足够充分,大可不必担心要点过多。

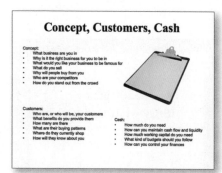

这一页中的要点不止五个。不过,这不是最大的问题(或者说唯一的问题),对吧?

我们来为首页部分做些改善。首先运用对比原则,在第一页中采用显眼的粗体;然后新建三页幻灯片,把原设计中的要点分别放在每一页新幻灯片中。因为客户极爱这个写字板元素,所以我们予以保留。

从演示的结构来看,这三页幻灯片分别介绍一个话题,对应多个要点。这些要点可以单独分页展示,有助于观众紧跟演示节奏。

13.7　"切忌每个要点多于三个词"

不切实际。

在提到这个规则时，人们往往还会加上一句："切忌每页多于六个词。"这样的限制实属不切实际，更别说人人遵守了。而且，许多杰出的演示文稿作品并没有遵守这个规则。

言简意赅很有必要，但不应该为了遵守这个规则而刻意限制字数。比遵守规则更重要的是清楚表述。

和13.4节中的示例一样，这两页幻灯片也节选自Paul Isakson的演示文稿。他完全不在乎自己在同一页中使用了十几个词。你看得清这些词吧？表述够清楚吧？能想象Paul如何在演示现场详述每个要点吗？

请同时想象把这两个要点放在同一页幻灯片中。我敢肯定，你会发现分页展示要点巨大的优势。

13.8　"切忌使用PowerPoint"

毫无道理。

前言提到过，演说和演讲往往不需要借助多媒体工具。但是，对于**演示**来说，观众期待看到某种视觉化呈现。

问题的关键不是PowerPoint，而是**演示者低效地展示**。任何要求他人不能使用PowerPoint的人，自己一定没有学会如何正确使用PowerPoint。因此，请学习如何使用软件，以及如何制作优秀的演示文稿。

13.9　"切忌关灯"　"切忌开灯"

实在荒唐。

这又是常见的被误读的规则。如果观众在黑暗中"只闻其声，不见其人"，当然不妙；但是，如果自己辛辛苦苦制作的幻灯片在强光下只剩下一片空白，肯定也不妙（更糟糕的情况是，现场的灯正对着演示屏）。

理想的情况是，观众区的光线较暗，但亮度应该足以让观众记笔记和让演示者看到观众及他们的反应；演示者站在屏幕旁边较亮的位置；尽量不要让灯对着屏幕。较新的礼堂和会议室能够支持类似的灯光设置并提供多种布光方案。

如果演示现场的光线太强，以至于无法辨认幻灯片的内容，那么制作幻灯片有何意义？还不如空口演说。如果提前知道演示现场太暗或太亮，可以自己带一盏灯，并在演示时放在身旁。

记住，光线的确需要引起注意。如果可以，请提前去演示现场看看，有备无患。

13.10 "切忌预先提供纸质资料"

胡言乱语。

读完第11章后,你一定已经意识到纸质资料的重要性,也知道在演示开始前为观众提供纸质资料很重要。别忘记在纸质资料中印上logo,这样做会有不错的品牌宣传效果。

13.11 "切忌使用饼图"

随口瞎说。

对于饼图的是非,不能一概而论。饼图本身不是问题,问题在于**演示者**如何利用饼图。

在呈现某些数据时,如果饼图是最佳工具,为何不能用呢?需要注意的是,饼图各块的百分比之和应该是100%。此外,不宜分太多块,那样会使各块的区别不明显。如果图中数据能够展示某一部分较之于其他部分的相对大小,那么简单的饼图可以清晰且高效地完成演示。只要有助于传达信息,不妨尝试让其中一块突出,以吸引注意力。

13.12 "切忌使用Arial和Helvetica字体"

此为真理。

抱歉,这个规则很有道理。只有杰出的和训练有素的设计师才能用好Arial和Helvetica字体。对于其他绝大多数人来说,如果对PowerPoint默认使用的Arial字体置之不理,做出的演示文稿将注定平庸。

如果坚持要用,请务必购买全套的Helvetica字体,不要依赖于预先安装的字体。只有这样做才能使字体粗细分明,而不是一味地中规中矩。

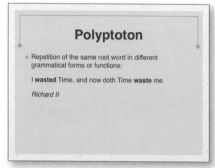

这是Arial和Helvetica的默认效果。

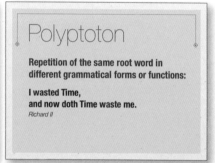

购买专业字体并稍作修改,即可使Helvetica看上去焕然一新。

Times New Roman也有同样的问题。虽然它经过仔细设计,但现在看起来毫无新意。

即便没有特意购买新的字体,也可以从预先安装的字体库中找到更好的。不妨尝试几个看看效果(本例用的是Rockwell字体)。

第14章
相信自己的眼睛

设计师最重要的是有一双**火眼金睛**。本章包含一系列小测试，用于帮助你练就一眼洞察本书所述设计原则的本领。

你是否觉得本章中的幻灯片看起来偏小？记住，如果你坐在大厅的后排，或者演示屏不够大，那么幻灯片看上去就如本章中的这么小。在设计时，请谨记这一点。

在做本章的练习时，别忘了幻灯片设计的重点——决定如何取舍。哪些内容需要挪到另一页？哪些需要放在备注中？哪些需要归入纸质资料？哪些应该直接删除？

在这种事情上，行动胜于雄辩，愚人的眼睛比耳朵更灵光。

——伏伦妮娅，节选自莎士比亚戏剧《科利奥兰纳斯》第三场第二幕

14.1 小测试：相信自己的眼睛

最佳的学习方法是用语言描述问题及其解决方案。请观察以下幻灯片，尝试说出问题是什么，以及应该如何改善。

明确：从每一组中选择表述最清楚的幻灯片。

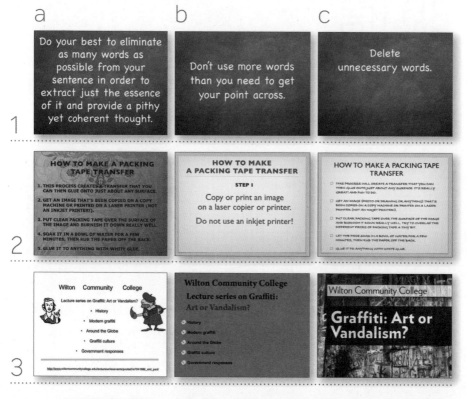

运用明确原则的一个要点是，确保幻灯片中没有无用或容易分散注意力的元素。是否必须把所有内容都挤在同一页幻灯片中？究竟是什么让其中某些幻灯片表述不清？请写下修改步骤来完善幻灯片。

1 ....

....

2 ....

....

3 ....

....

相关：请选择背景或图片不会妨碍观众理解的一组幻灯片。

究竟为什么其中某些幻灯片的图片与内容无关？

4 ....

5 ....

6 ....

动画：针对每一组幻灯片，描述何种动画、视频、切换效果或音频能使信息更明确。

为什么**不能**给这些文字添加打字机效果或飞入效果？

7 ....

....

....

8 ....

....

....

9 ....

....

....

故事： 从每一组中选出最适合作为演示文稿**首页**的幻灯片。

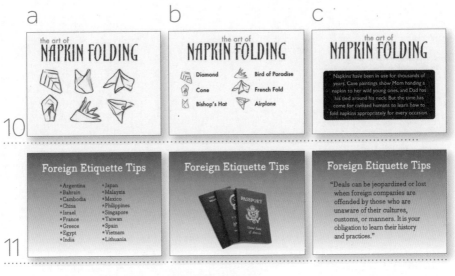

为什么其他幻灯片**不适合**作为首页？

10 ....

11 ....

故事： 从每一组中选出最适合作为演示文稿**尾页**的幻灯片。

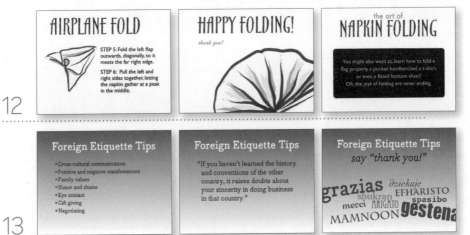

为什么其他幻灯片**不适合**作为尾页？

12 ....

13 ....

对比：选出对比效果最强的一组幻灯片。

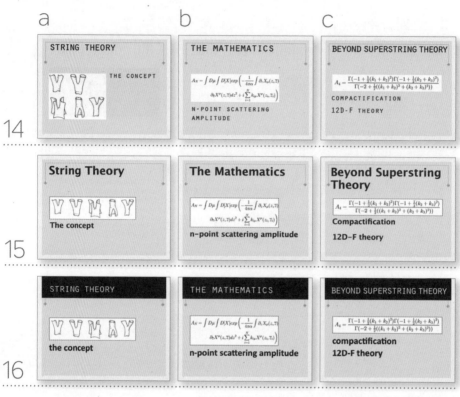

为什么这一组的对比效果有助于更明确地呈现信息？你对信息的理解是否因此而改变？

14 ....

....

15 ....

....

16 ....

....

....

重复：选出设计风格最一致的一组幻灯片。

a   b   c

17

18

19

在你选出的这一组中，找到所有重复性元素。对于另外两组，还能用哪些重复性元素使设计风格更一致？

17 ....

18 ....

19 ....

对齐： 选出对齐效果最有利于阐释和理解内容的一组幻灯片。

在以上所有幻灯片中，沿着内容项的边缘画线。这将帮助你清楚地看到哪些内容项对齐了，哪些没有。

20 ....

21 ....

22 ....

亲密性：哪一组幻灯片最佳地运用了亲密性原则来清楚、一致地呈现信息？

a   b   c

23

24

25

针对其他两组，请用语言从亲密性原则的角度描述哪里需要改进。

23 ....

....

24 ....

....

25 ....

....

纸质资料：以下幻灯片的文字太多了。请列出多项改进措施。回答以下问题：一、每一页幻灯片要保留哪些文字或图片？二、哪些内容可以拆分为多页幻灯片？三、哪些内容需要放在备注中？四、哪些文字或图片需要放在纸质资料中？

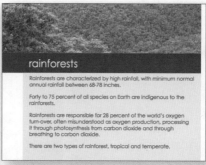

当然，改进措施因人而异。

a

b

c

d

26

整体设计：针对以下演示文稿给出评价。请思考以下问题：在现场演示时，幻灯片中的哪些元素能在你提到它们时单独出现？可以采用哪些切换效果？请列举该演示文稿的优点和可改进之处。描述时，使用你在本书中学到的词，并查看后两页列出的清单。尽量具体一些。

这些幻灯片的切换采用了溶解效果。因此，当页面切换时，观众只会看到金黄色文字在变化。绿色的答案紧跟着问题飞入观众的视线。

27

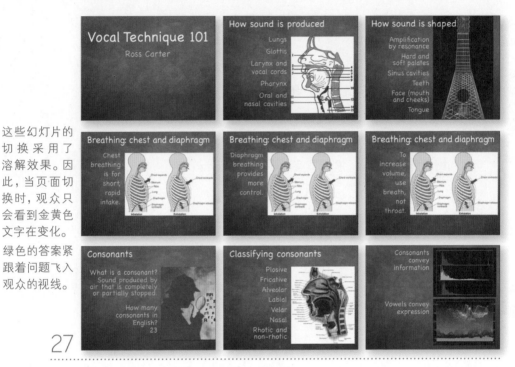

请列举该演示文稿的优点和可改进之处。

27

14.2　内容设计清单

○ 学习使用制作软件。

○ 在动手制作演示文稿之前，先构思内容和结构。

○ 编辑文字，使其表述清楚、紧扣主题。

○ 为每一页确定要展示的要点。

○ 预先收集一些可用的图片。在设计和制作演示文稿的过程中，可能还需要寻找其他图片。

○ 思考在何处使用动画、视频或音频来增添趣味、阐明信息。（如果需要连接互联网才能播放动画、视频或音频，请确保演示现场有上网条件！）

○ 为演示文稿选择（或者自己设计）与主题相关的背景或模板。在动手制作之前，先确定一个雏形；制作时再不断优化。

○ 为演示文稿创建首页。

○ 如有必要，创建概览页。有时，一场演示谈及的每一个话题都需要自己的概览页。

○ 开始向幻灯片填充内容，直到初步成型。

○ 根据四大视觉设计原则——对比、重复、对齐和亲密性——优化幻灯片的设计。

○ 故事一定要有结尾。

14.3　幻灯片设计清单

○ 要点是否言简意赅？

○ 所有页面是否都整洁，并且内容看上去不那么拥挤？（记住，如有必要，可以增加新页。）

○ 幻灯片的内容是否有别于演示时要讲的内容？（如果是，就可以避免在演示时照本宣科。）

○ 是否已经去掉了多余的项目符号？请勿使用短横线替代项目符号——短横线给人杂乱不安的感觉。

○ 是否所有元素都与演示主题相关？是否已经没有多余的元素？

○ 是否仅在需要进一步阐释和吸引观众注意相关项目时才使用动画和音视频？

○ 演示文稿的叙事过程是否有头有尾、有起有伏？结束放映时，观众是否会收到明确的提示？

○ 每一页是否都有足够显眼的对比效果？对比效果是否有助于阐述内容？

○ 是否有重复性元素贯穿演示文稿，使演示文稿在视觉呈现上浑然一体？

○ 是否每一页中的每一个元素看似都与其他元素有联系？是否从始至终运用对齐方式使演示文稿视觉上保持统一？

○ 项目符号（如果有的话）与相应的文字之间的距离是否合适（不近不远）？

○ 含义相近的元素是否看起来也靠得很近？各组信息是否彼此相关？

○ 如果对观众有帮助，是否制作了他们愿意保存的纸质资料？

○ 在将演示文稿上传到互联网上时，是否没有忘记一并上传备注内容？

14.4 综合运用设计原则

本书所讲的设计原则是整体运作的——整体大于局部之和。相较单独运用某一个设计原则，**综合运用**所有设计原则更为重要，效果也更突出。

请谨记以下要点。

> **对比原则**并不是说每个元素都要足够大，而是说**元素之间**要形成对比，从而突出重点信息。

> **重复原则**并不是说每个元素都要一模一样，而是说要有**统一**的设计风格。

> **对齐原则**并不是说要把所有元素排成一条直线，而是说每一个元素看上去都要与其他某个元素有联系，并且整份演示文稿的对齐方式在视觉上要前后统一。

> **亲密性原则**并不是说所有元素都要挤在一起，而是说要通过调整距离为元素**分组**，从而更清晰地呈现信息。

用一双火眼金睛洞察设计原则，洞察各个原则适用的情景，这是优秀设计师的基本功。在日常生活中，留意优秀的设计作品，并试着用语言描述它们的**出众之处**。随着不断地内化优秀的设计理念，你的作品和生活也将变得越来越出彩。

未来，优秀的市场人将不以给受众讲故事的水平来衡量，而要看受众如何为他美言。

——Tim Smith

第15章
资源库
——字体、图片、模板等

CreativeMarket是我近来最爱的资源库，它就像面向设计师的Etsy。除此之外，我也长期使用MyFonts这个优秀的字体资源库。

专业的图片、视频等

- iStockphoto
- Shutterstock
- CreativeMarket

免费图片
（记得查看使用许可说明）

- 谷歌图片
- 必应图库

高性价比的字体

- MyFonts
- CreativeMarket
- FontSquirrel（包括免费字体）

在搜索引擎中输入"free fonts"，就能找到数千款低质（但有时颇有用处）的免费字体。

其他不错的字体资源还有FontShop和FontBureau。

本书所用图片的来源

- 第126页：Jimmy Thomas
- 第61页：Jimmy Thomas
- 第147页的图：John Tollett
- 第10页的幻灯片（已去除敏感信息）：Steve Geohegan

iStockphoto：

- 第168页商标牌图：wragg 10511326
- 第168页叉车图：lagereek 3346468
- 第169页乌龟图：ntripp 8340053
- 第165页护照图：kirza 1648185
- 第162页的图（Graffiti）：DaiPhoto 2532985
- 第168页开会图：endopack 3138945
- 第168页购物车图：imageegami 10379737

- 第108页GAMES字母块：408326
- 第108页围棋盘：magnet creative 4190979
- 第108页男性：Photodjo 9267387
- 第108页女孩：lisafx 659308
- 第68、106、107页（Renaissance）：Wadders 330118
- 第164页大象的图：
  - polispoliviou 7184553
  - Vicky-bennett 382294
  - Hirkophoto 4887474
- 第51页的图也选自iStockphoto。

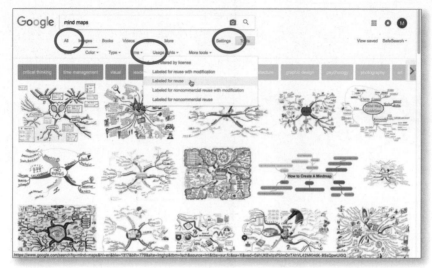

谷歌图片

1 查找图片。

2 单击"Tools"按钮。

3 在新出现的一行按钮中，单击"Usage rights"，在下拉菜单中选择图片使用许可类型，合法按需使用。

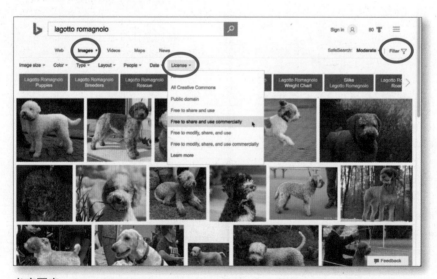

必应图库

1 查找图片；只有在查找图片时，上图右上角的"Filter"按钮才会出现。

2 单击"Filter"按钮，此时会出现一行新按钮。

3 在新出现的一行按钮中，单击"License"，在下拉菜单中选择图片使用许可类型。